Leandro Bertoldo
Elasticidade – Vol. II

ELASTICIDADE
Volume II

"Instrumentos e Associações"

Leandro Bertoldo

Leandro Bertoldo
Elasticidade – Vol. II

Dedicatória

Dedico este livro à minha amada mãe
Anita Leandro Bezerra

"Há poder no conhecimento de ciências de toda a espécie, e é designo de Deus que a ciência avançada seja ensinada em nossas escolas como preparação para a obra que há de preceder as cenas finais da história terrestre". (Fundamentos da Educação Cristã, 186).

Ellen Gould White
Escritora, conferencista, conselheira,
e educadora norte-americana.
(1827-1915)

Sumário

Dados biográficos

Prefácio

Capítulo I: Instrumentos Elásticos

Capítulo II: Pontes Dinamoscópicas

Capítulo III: A Humanidade e a Elasticidade

Capítulo IV: Comportamento das Forças

Capítulo V: Associação em Série

Capítulo VI: Associação em Paralelo

Capítulo VII: Associação Composta

Capítulo VIII: Análise das Associações

Capítulo IX: Associações Particulares

Capítulo X: Intensidades Elásticas

Capítulo XI: Primeira e Segunda Lei

Capítulo XII: Tolerância Dinamoscópica

Capítulo XIII: Dependência de Parâmetro

Dados biográficos

Leandro Bertoldo é o primeiro filho do casal José Bertoldo Sobrinho e Anita Leandro Bezerra. Tem um irmão chamado Francisco Leandro Bertoldo. Os dois seguiram a carreira no judiciário paulista, incentivados pelo pai, que via algo de desejável na estabilidade do serviço público.

Leandro fez as faculdades de Física e de Direito na Universidade de Mogi das Cruzes – UMC. Seu interesse sempre crescente pela área das exatas vem desde os seus 17 anos, quando começou a escrever algumas teses sérias a respeito do assunto. Em 1995, publicou o seu primeiro livro de Física, que foi um grande sucesso entre os professores universitários. O seu comprometimento com o Direito é resultado de suas atividades junto ao Tribunal de Justiça do Estado de São Paulo.

Leandro casou-se duas vezes e teve uma linda filha do primeiro matrimônio chamada Beatriz Maciel Bertoldo. Sua segunda esposa Daisy Menezes Bertoldo tem sido sua grande companheira e amiga inseparável de todas as horas. Muitas de suas alegrias são proporcionadas pelos seus amados cachorros: Fofa, Pitucha, Calma e Mimo.

Durante sua carreira como cientista contabilizou centenas de artigos e dezenas de livros, todos defendendo teses originais em Física e Matemática, destacando-se: "Teoria Matemática e Mecânica do Dinamismo" (2002); "Teses da Física Clássica e Moderna" (2003); "Cálculo Seguimental" (2005); "Artigos Matemáticos" (2006) e "Geometria Leandroniana" (2007), os quais estão sendo discutidos por vários grupos de pesquisas avançadas nas grandes universidades do país.

Prefácio

Elasticidade é a primeira obra exaustiva e de natureza sistemática produzida *ab ovo* pelo autor no período de 1978 a 1980. Trata-se de um livro de fôlego, constituído por mais de mil páginas, que foram distribuídas em cinco volumes.

O livro encontra-se inteiramente estruturado no método científico, especialmente pela análise matemática. Partindo de poucos princípios, o livro cresceu alimentando-se do método da analogia com os diversos ramos da Física Clássica.

O manuscrito original desta obra apresenta uma letra bem delineada, bastante caprichada, clara e limpa. Naquela época o autor era um intelectual vanguardista bastante jovem e orgulhoso, que contava apenas 19 anos de idade. Ainda estudante colegial, aplicava-se com afinco à leitura de Descartes, Locke, Rousseau, Voltaire, Leibniz, Galileu, Newton, Einstein etc. Além disso, dedicava todo seu tempo livre na elaboração de profundas pesquisas científicas em física. Somente a juventude do autor poderia permitir a introdução de conceitos inovadores e de ideias inusitadas no campo da Física Clássica, como se pode constatar nesta obra.

Na falta de um nome apropriado para designar as novas leis, fórmulas e conceitos, provisoriamente, lancei mão do nome que estava mais acessível naquele momento: "Leandro". Entretanto, tal nome poderá ser substituído por outra designação mais adequada, que a ciência achar conveniente.

O próprio título da obra articula bem os seus objetivos: "Elasticidade". Ela visa realizar o estudo sistemático das propriedades das deformações elásticas e plásticas que os corpos apresentam ao serem submetidos à ação de uma intensidade de força.

O **primeiro volume** desta série é dedicado ao estudo dos princípios fundamentais envolvidos nas deformações elásticas. Nele é analisado o equilíbrio elástico, o conceito de dinamoscópio, dinamômetros, escalas dinamométricas, quantidade elástica, tração, compressão, deformações lineares, superficiais e volumétricas e finalmente analisa a relação entre as deformações e a temperatura.

O **segundo volume** foi consagrado ao estudo dos sistemas e instrumentos de medidas elásticas, como por exemplo, os leandrometros e multímetros dinamoscópico, bem como o estudo das pontes elásticas, associações em série e em paralelo de corpos dinamoscópicos.

O **terceiro volume** desta série é destinado ao estudo das grandezas físicas da Cinemática e da Dinâmica, aplicadas às forças e às deformações elásticas dos corpos dinamoscópicos.

O **quarto volume** está voltado ao estudo das contrações e expansões laterais, provocadas pelas deformações por tração e compressão linear, superficial e volumétrica.

O **quinto volume** desta série propõe estudar os corpos dinamoscópicos elásticos, semielásticos e plásticos, rigidez dinamoscópica, ponto de ruptura, conceitos geométricos aplicados na dinamoscopia, campo elástico e estudos sobre os reostatos dinamoscópicos.

Enfim, o livro é revolucionário e inovador. Ele traz em seu bojo muitas pesquisas originais e inéditas, produzidas pelo autor em sua juventude. Esta obra estabelece claramente um paradigma ao criar um novo ramo da Física Clássica: Elasticidade.

O autor folga em oferecer ao grande público ledor esta maravilhosa obra, esperando que venha a ter boa acolhida entre os homens de ciência e visionários do futuro, a fim de que o universo do nosso conhecimento continue no seu grande processo de expansão.

leandrobertoldo@ig.com.br

CAPÍTULO I
Instrumentos Elásticos

1. Introdução

No estudo das ciências físicas, embora ocorra certo interesse para o aspecto qualitativo de um fenômeno natural, é dada uma maior ênfase para o lado mensurável do fenômeno.

Já me referi anteriormente a alguns dos instrumentos e processos utilizados e desenvolvidos por mim nas medidas elásticas. Em capítulos anteriores, por exemplo, houve de certa maneira um primeiro contato com o dinamômetro e verificouse como pode ser empregado para estudar quantitativamente os sentidos das forças, intensidade das mesmas e o estágio de deformação dos corpos dinamoscópicos. O emprego de outros instrumentos de medida também já foi evidenciado, embora de maneira superficial. Finalmente, agora com o estágio de desenvolvimento do presente livro, estou em condições de fazer uma revisão mais pormenorizada de alguns processos de medidas elásticas, especialmente os que se utilizam de um modelo especial de instrumento chamado por leandrometros de bobina espiralada. Esses instrumentos são de grande sensibilidade o que permite efetuar medidas de grande precisão. Notar-se-á que com o auxílio desses leandrometros poderá ser efetuada medida de forças de qualquer intensidade, deformações, intensidades elásticas etc. Tais instrumetos destinam-se a operar com fluxo dinamoscópicos nulos ou diferentes de zero. Nestes sistemas, porém, me parece ser mais comum o emprego de outros tipos de instrumentos, intrinsecamente de menor sensibilidade, porém mais robustos.

Essencialmente, todos esses instrumentos elásticos de medida estão baseados em efeitos dinamoscópicos das forças. Neste capítulo, porém, tratarei de especificar particularmente as aplicações desses instrumentos e não o princípio de funcionamento, ou os pormenores construtivos. Isto será realizado no decorrer do desenvolvimento deste livro. O que realmente pretendo realizar nos parágrafos seguintes é aplicar os conhecimentos já adquiridos sobre os sistemas dinamoscópicos, a alguns dos processos de medida muito úteis às aplicações técnicas da elasticidade nos diversos campos do conhecimento humano. Pois, ao desenvolver a teoria dinamoscópica de Leandro, o meu principal objetivo é o de reformular a velha teoria elástica dando-lhe um caráter teórico, racional, lógico, preciso e extremamente prático. Neste capítulo procuro introduzir os métodos elementares de medir forças, deformações e intensidade elástica.

2. Medidas Elásticas

Considerarei inicialmente o instrumento fundamental e básico empregados nas medidas elásticas, o "medidor de força". Os mais sensíveis medidores de intensidade de força são denominados em geral por leandrometros. Ele é um medidor de força muito sensível, capaz de registrar intensidades de forças da ordem de 10^{-3} dinas. Já os aparelhos capazes de medir intensidades de forças da ordem de alguns a muitos dinas denomina-se dinamômetros.

O funcionamento desses instrumentos é extremamente elementar e baseia-se nos efeitos dinamoscópicos provocados pela ação de forças, que faz um cursor-indicador deslocarem-se sobre uma escala convenientemente construída; creio que existem possibilidades de se construir instrumentos como esse funcionando, segundo os efeitos magnéticos da corrente elétrica; porém, não pretendo entreter-me nesse assunto, visto que meus principais objetivos é a demonstrar as leis que regem os fenômenos da teoria dinamoscópica.

3. Características Básicas

Fundamentalmente existem duas características básicas relativas ao medidor que no desenvolvimento do presente capítulo será de extrema importância. São os seguintes:

Valor do Extremo da Escala

O deslocamento do cursor-indicador, causado pela deformação do corpo dinamoscópico oriunda da ação da força, é proporcional à intensidade de força. Assim sendo, para uma dada intensidade (ΔF_0), o cursor indicador alcançará seu deslocamento máximo, tocando no extremo da escala. Esse valor, que limita a leitura, representa a maior intensidade de força que o instrumento pode medir, denominada usualmente por valor extremo da escala.

Intensidade Elástica Interna

Todo dinamômetro se caracteriza pela intensidade elástica, que também usualmente em minhas reflexões tenho chamado por intensidade elástica interna (i_d). Na realidade do ponto de vista da elasticidade, esses instrumentos comportam-se como um corpo dinamoscópico de intensidade elástica (i_d).

Símbolo do Dinamômetro

Em esquemas de sistemas dinamoscópicos, costumo representar os dinamômetros pelo símbolo indicada na seguinte figura:

Colocando-se ao lado, o valor de sua intensidade elástica interna.

Quando a intensidade elástica é muito pequena ou nula, como em fios rígidos de ligação dos elementos do sistema dinamoscópico estes são representados por uma linha contínua, indicando que esse intervalo é indeformável.

A partir de leandrimetros – cujas características já são conhecidas – e de corpos dinamoscópicos que permitem medir forças de maior intensidade (dinamômetros) e variações de deformações (tremas). A vantagem do emprego da trena na elasticidade é que ela apresenta um corpo dinamoscópico interno que enrola automaticamente a trena. Então, numa leitura o corpo dinamoscópico analisado pode sofrer uma deformação por tração ou por compressão ou simplesmente restituir-se, e a trena convenientemente adaptada segue os mesmos estágios do corpo dinamoscópico em debate indicando continuamente a leitura da variação da deformação.

4. Definições Gerais

Leandrômetro

É um instrumento básico utilizado nas medidas elásticas em sistemas e corpos dinamoscópicos perfeitamente elástico.

O leandrômetro comporta-se como um corpo dinamoscópico. É muito sensível e suporta uma força de pequena intensidade, variável até um valor máximo admissível.

Como um corpo dinamoscópico perfeitamente elástico, o leandrometro é impresso por uma intensidade de força diretamente proporcional à variação de deformação nos seus terminais e, por essa razão, esse instrumento serve também para medir as referidas deformações.

O cursor-ponteiro da leandrometro acusa ação de uma força defletindo para a direita ou para a esquerda (dependendo do sentido da força).

Dinamômetro

Com sua escala graduada convenientemente (em unidades de intensidades de forças), o leandrometro torna-se um medidor de intensidade de força e recebe a denominação de dinamômetro.

Para medir a intensidade da força, é necessário que o dinamômetro seja impresso pela mesma; por isso, ele deve ser ligado sempre em série com o corpo dinamoscópico ou trecho do sistema imprimido pela intensidade de força a ser medida. Em consequência, o instrumento deve apresentar uma intensidade elástica muito pequena, pois, ao ser introduzido no sitema, sua intensidade elástica interna altera as condições da medida. O valor máximo de intensidade de força que um diâmetro pode indicar chama-se por valor de fundo de escala.

Trena

Graduando-se a escala do leandrômetro em unidades de comprimento, esse instrumento torna-se uma trena, que é um medidor de deformações elásticas.

Para indicar uma variação de deformação, a trena deve ser submetida a essa variação de deformação; assim, é necessário que ela esteja ligada em paralelo com o corpo dinamoscópico ou trecho do sistema cuja variação de deformação nos terminais almeja-se medir. A medida da variação da deformação será mais exata quanto menor for a intensidade de força imprimida na erra; ou, em outros termos, a trema deve apresentar uma maior intensidade elástica interna. O máximo valor da variação da deformação que uma trena pode indicar denomina-se valor de fundo de escala.

Porém, como esses instrumentos não podem ser considerados ideais, conclui-se que, sempre que os instrumentos de medidas não forem considerados ideais, devem-se considerar suas intensidades elásticas internas para efetuar o cálculo da intensidade de força e das deformações.

5. Distruibuição da Deformação Elástica ao Longo de um Corpo Dinamoscópico

Quando um corpo dinamoscópico (AB), homogêneo de seção reta uniforme apresentando uma intensidade elástica total (I) e um comprimento (L) (figura 1-a) é submetido a uma variação de deformação (ΔL_0), a intensidade de força que se encontra imprimida nesse corpo é dada pela seguinte relação matemática:

$$\Delta F = \Delta L_0 / I$$

Considere agora a porção do corpo dinamoscópico situada entre os pontos (A) e (C) (sendo que C é um ponto qualquer desse corpo) e calculando-se a variação da deformação entre os pontos considerados. Pela primeira lei de Leandro tem-se a seguinte expressão:

$$\Delta L = i \cdot \Delta F$$

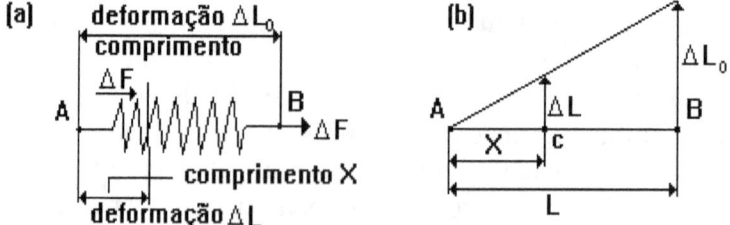

Então utilizando a expressão da intensidade de força, obtém-se:

$$\Delta L_0/I = \Delta L/i$$

Portanto, conclui-se que:

$$\Delta L = \Delta L_0 \cdot i/I \qquad (I)$$

Sendo que a letra (A) representa a área da seção transversal do corpo dinamoscópico e a letra (η) representa a característica dinamoscópica do material, obtém-se, de acordo com a terceira lei de Leandro:

$$i = \eta \cdot X/A$$

E

$$I = \eta \cdot L_0/A$$

Dividindo membro a membro, resulta que:

$$i/I = (\eta \cdot X/A) / (\eta \cdot L_0/A)$$

Sabendo-se que os produtos dos meios são iguais ao produto dos extremos, conclui-se que:

$$i/I = X/L_0 \qquad (II)$$

Nessas condições, de acordo com as fórmulas (I) e (II) acima exposta, pode-se exprimir a variação da deformação (ΔL) em função do comprimento da porção considerada do corpo dinamoscópico, bastando simplesmente substituir convenientemente as referidas expressões. O que resulta:

$$\Delta L = \Delta L_0 \cdot X/L_0 \qquad (III)$$

A expressão anterior mostra que a variação da deformação (ΔL), entre os pontos (C) e (A), é proporcional ao comprimento (X) do corpo dinamoscópico, situado entre esses dois pontos. Torna-se dessa maneira possível construir uma escala de deformações ao longo do corpo dinamoscópico, com valores desde zero (para X = 0) até ΔL_0 (para X = L), conforme indica a figura (1 – b). Tal escala é de grande importância na prática cotidiana, em sistemas especiais de medida, chamados por sistemas leandrométricos.

6. Divisores de Deformações

Por intermédio do estudo concluido no item anterior, conclui-se facilmente que no sistema caracterizado pela seguinte figura:

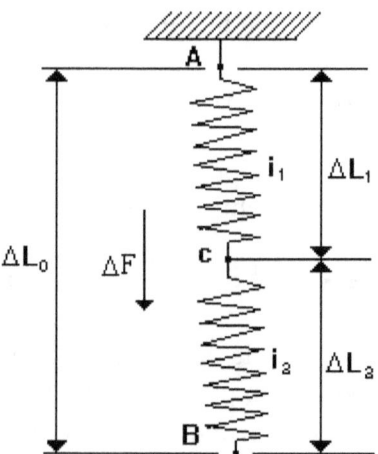

A variação da deformação (ΔL_1) entre os pontos (A) e (C) é uma fração de deformação total (ΔL_0) resultante entre os extremos da associação dos corpos dinamoscópicos (i_1) e (i_2)

em série. De fato, interpretando a fórmula (I) e transportando-a para este caso em especial, resulta que:

$$\Delta L_1 = (i_1/i_1 + i_2) \cdot \Delta L_0 \qquad \Delta L_2 = (i_2/i_2 + i_2) \cdot \Delta L_0 \qquad (IV)$$

A associação de corpos dinamoscópicos em série (como i_1 e i_2 no sistema indicada na figura anterior), com a finalidade de se conseguir uma variação de deformação menor que a disponível diretamente da resultante, constitui o que tenho denominado por "divisor de deformação". Os divisores de deformações são muito práticos não só em medidas, mas também nos sistemas de máquinas muito sensíveis.

Praticamente é possível produzir divisores de deformação constituídos por um fio de aço em espiral, enrolado em suporte metálico dotado de uma alça que realiza o contato com o ponto intermediário, como (C).

Voltando a considerar o sistema divisor de deformação da figura anterior, e supondo que um corpo dinamoscópico seja ligado entre os pontos (C) e (B), em paralelo com (i_2). Se esse corpo dinamoscópico não for impresso pela ação de uma força, a deformação entre os pontos C e B será exatamente igual àquela calculada anteriormente pela fórmula (IV). Se, entretanto, houver a ação de uma intensidade de força imprimida no referido corpo, essa variação de deformação ficará menor. Ou seja, a variação da deformação no intervalo (BC) é menor porque os corpos são associados em paralelo; e antes de ser associado à variação da deformação era bem maior, pois existia apenas um corpo dinamoscópico suportando toda aquela ação de força imprimida.

De maneira generalizada, se considerar o sistema divisor de deformação idêntico ao indicado na figura anterior como um corpo dinamoscópico de terminais (C) e (B), o qual pode ser observado no esquema da seguinte figura:

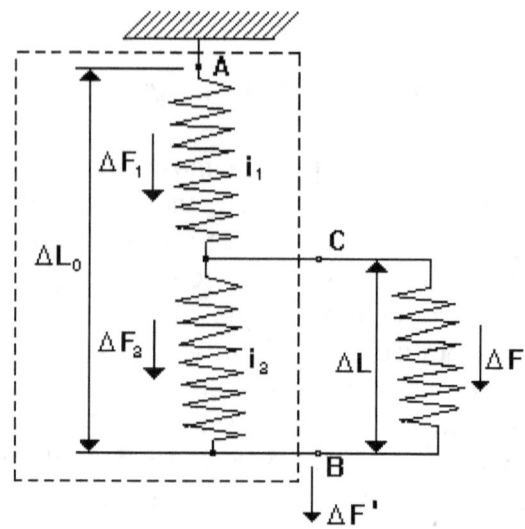

Considere o sistema divisor de deformação da figura abaixo. Denomina-se por (ΔF) a intensidade de força resultante no corpo dinamoscópico ligado e determina-se como varia a deformação (ΔL) nos terminais do sistema, em função dessa intensidade de força.

Sendo (ΔF_1) e (ΔF_2) as intensidades de forças que se estabelecem através de (i_1) e (i_2), respectivamente, então, pode-se escrever as seguintes equações:

(I) $\Delta L = \Delta L_0 - i_1 \cdot \Delta F_1$

(II) $\Delta L = i_2 \cdot \Delta F_2$

(III) $\Delta F_1 = \Delta F_2 + \Delta F$

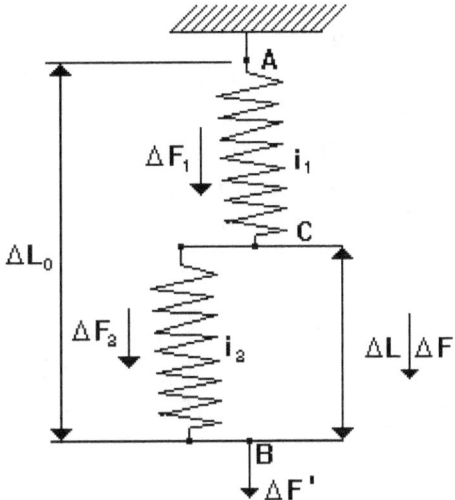

Substituindo convenientemente (ΔF_1) e (ΔF_2) na última equação pelos seus valores obtidos nas duas equações anteriores, resulta que:

$$(\Delta L_0 - \Delta L)/i_1 = (\Delta L/i_2) + \Delta F$$

De onde, conclui-se que:

$$\Delta L \cdot [(1/i_1) + (1/i_2)] = (\Delta L_0/i_1) - \Delta F$$

Ou finalmente:

$$\Delta L = [(i_2/i_1 + i_2) \cdot \Delta L_0] - [(i_1 \cdot i_2/i_1 + i_2) \cdot \Delta F]$$

7. Medidas de Intensidades de Força – "Baldar"

Considere um corpo dinamoscópico (leandrômetro) (i_1) imprimido na ação de uma força (ΔF), cuja intensidade possa ser mantida constante. Se associar em paralelo com esse corpo outro, de intensidade elástica (i_2), a força (ΔF) ficará divida entre (i_1) e (i_2). Esse dispositivo é extremamente prático, para fazer imprimir em um corpo dinamoscópico (i_1), apenas uma fração bem determinada da intensidade total de força (ΔF), nesse ramo do sistema dinamoscópico.

A seguinte figura exprime uma ideia clara do que foi discutido até o presente momento:

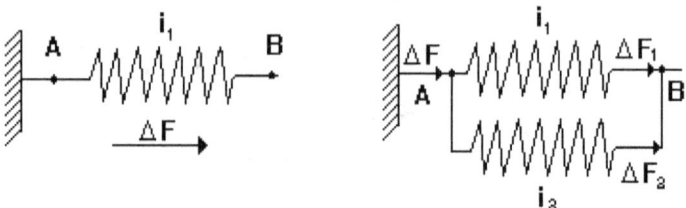

O valor da intensidade da força (ΔF_1) encontra-se submetida no corpo dinamoscópico (i_1), depois de instalado o "baldar", pode ser facilmente determinado se conhecer, além da intensidade de força (ΔF), os valores das intensidades elásticas (i_1) e (i_2). De fato, obtém-se entre os pontos (A) e (B) do último esquema.

$$\Delta L_{AB} = i_1 \cdot \Delta F_1 = i_2 \cdot \Delta F_2 = i \cdot \Delta F$$

Onde a letra (i), representa a intensidade elástica resultante à associação de (i_1) e (i_2).

$$i = i_1 \cdot i_2 / i_1 + i_2$$

Então, nessas condições tem-se:

$$i_1 \cdot \Delta F_1 = (i_1 \cdot i_2 / i_1 + i_2) \cdot \Delta F$$

Logo se pode concluir que:

$$\Delta F_1 = (i_2 / i_1 + i_2) \cdot \Delta F$$

Analogamente, conclui-se que:

$$\Delta F_2 = (i_1/i_1 + i_2) \cdot \Delta F$$

Igualando convenientemente as duas últimas expressões, resulta que:

$$\Delta F_1/\Delta F_2 = i_2/i_1$$

Conclui-se que as intensidades de forças, imprimidas nesses corpos dinamoscópicos associados em paralelo, são inversamente proporcionais às respectivas intensidades elásticas. Essa propriedade já havia sido analisada anteriormente.

Creio que na prática, será muito conveniente deseja que (ΔF_1) seja apenas uma pequena fração da intensidade de força (ΔF_2). Nessas condições, naturalmente, a intensidade elástica (i_2) será muito menor que a intensidade elástica (i_1). Em casos como esse, a intensidade elástica (i_2) do corpo dinamoscópico que se chama um "baldar".

Antes da instalação do "baldar" entre os pontos (A) e (B), a intensidade elástica é muito maior do que aquela que resulta entre esses dois pontos, após a instalação do baldar.

A alteração do valor da intensidade elástica nesse trecho do sistema pode de certa maneira afetar o valor da intensidade de foca (ΔF). Isso fatalmente ocorrerá que a intensidade da força dependerá da intensidade elástica do sistema dinamoscópico. Em muitos casos, essa alteração do valor da intensidade da força é desprezível. Em outros casos, porém, ela deve obrigatoriamente ser levada em conta para a solução exata do problema proposto.

Do que foi visto, posso afirmar que; para que um medidor possa registrar a intensidade de força que se encontra imprimido em um determinado ramo de um sistema dinamoscópico ele deve fazer parte do mesmo. Ou melhor, precisa ser impresso pela mesma intensidade de força que se encontra presente no ramo do sistema. Isso sugere não só que o referido medidor seja ligado em série como também que sua intensidade elástica interna seja pequena e até mesmo desprezível, no caso ideal.

Uma vez colocado o instrumento no ramo almejado, a força que imprimirá o mesmo após sua colocação não deve apresentar intensidade muito menor do que aquela que o era impressa antes. No caso ideal, em que o instrumento apresenta intensidade elástica desprezível, as intensidades de forças, antes e depositada sua colocação, serão exatamente iguais. Dessa maneira, o instrumento de medida não provocará nenhuma influência no estado do sistema dinamoscópico enquanto estiver fazendo a leitura.

Observe então o que ocorre numa leitura de intensidade de força. Como se sabe, qualquer instrumento é incapaz de fornecer leituras acima de seu valor de extremo da escala. Se isso acontecer o instrumento será forçado e nisso ele é danificado adquirindo certa deformação permanente. No entanto, se por acaso desejar-se medir, com um dinamômetro intensidade de forças que superem seu valor de extremo da escala ($\Delta F > \Delta F_0$), deve-se então utilizar de um artifício que denominei por "baldar", e consiste simplesmente na colocação de um corpo dinamoscópico de intensidade elástica conhecida (i_S) em paralelo com o dinamômetro. O esquema desse artifício encontra-se esquematizado na seguinte figura:

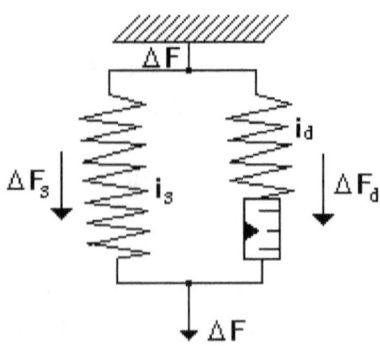

Observa-se então que a intensidade de força totalmente imprimida no sistema dinamoscópico sofrerá uma divisão, e a intensidade de força que é impressa no dinamômetro não será a intensidade total da força, como ocorria sem o baldar, mas tão-somente uma fração da mesma, não danificando o instrumento. E quanto menor for a intensidade de força que se almeja imprimir no dinamômetro (ΔF_d) tanto menor será também a intensidade elástica do baldar (i_S) intercalado.
Portanto:

$$i_S \text{ descresce} \rightarrow \Delta F_S \text{ cresce} \rightarrow \Delta F_d \text{ descresce}$$

O dinamômetro fornecerá então o valor da intensidade de força (ΔF_d), ao invés da intensidade de força (ΔF), que pode ser obtida observando-se o esquema do baldar:

a) $\Delta L_{\overline{AB}} = i_d \cdot \Delta F_d$

b) $\Delta L_{\overline{AB}} = i_S \cdot \Delta F_S$

Então, isto implica que resulta numa igualdade:

$$i_d \cdot \Delta F_d = i_S \cdot \Delta F_S$$

Portanto, resulta que:

$$\Delta F_S = i_d \cdot \Delta F_d / i_S$$

Desse modo a variação da intensidade de força ΔF, será expressa por:

$$\Delta F = \Delta F_d + \Delta F_S$$

Quando a intensidade da força que se deseja medir (ΔF) é superior à intensidade máxima (Δf) de força que o instrumento pode suportar, deve-se ocorrer um desvio tal, que no medidor seja indicada uma intensidade de força igual ou menor do que aquela que pode suportar.

Então, a seguinte relação ($\Delta F/\Delta f = n$) introduzida de modo genérico é denominada por fator de "multiplicação do baldar".

Na prática, o referido fator pode ser obtido em função das intensidades elásticas (i_d) e (i_S), como se segue. Chamarei por (i_R) a intensidade elástica resultante do conjunto, então, pode-se escrever:

$$\Delta L\, \overline{AB} = i_R \cdot \Delta F = i \cdot \Delta f$$

Então, conclui-se que:

$$i/i_R = \Delta F/\Delta f = n$$

Estando os corpos dinamoscópicos de intensidades elásticas (i) e (i_R) associados em paralelo; resulta que:

$$1/i_R = (1/i) + (1/i_S)$$

Que, multiplicada pela intensidade elástica (i), fornece a seguinte relação:

$$n = i/i_R = (i/i) + (i/i_S)$$

Portanto após ter sido eliminado o termo em evidência resulta que:

$$n = 1 + (i/i_S)$$

Pode ser escolhido um conjunto constituído pelo dinamômetro e pelo baldar, de acordo com a situação encontrada, por meio de um trinco seletor cuja escala é construída de maneira que se possa ler a intensidade de força total diretamente em seu visor. Esse conjunto denomina-se usualmente por leandrômetros, e representa-o esquematicamente por:

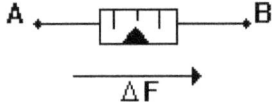

O que afirmei a pouco, foi o seguinte; um mesmo leandrômetro pode ser dotado de um jogo de baldar convenientes que servirá para várias escalas de intensidade de força. Naturalmente, a escala variará de acordo com o valor da intensidade elástica do baldar.

Assim, um leandrômetro consta de vários baldares e de um trinco seletor que pode ser colocado em uma série de valores para o fator de multiplicação dos baldares. Consegue-se, então, medir diversas intensidades de forças com um único leandrômetro.

Como já foi dito anteriormente, os leandrômetros devem ser intercalados em série, no ramo, onde se pretende medir a intensidade de força. Ocorre que, funcionando como um corpo dinamoscópico de intensidade elástica, o sistema irá modificar-se e a intensidade de força não será igual àquela indicada antes da introdução do leandrômetro. Para reduzir ao mínimo estas modificações, a intensidade elástica do leandrômetro deve ser pequena em relação às intensidades elásticas do sistema dinamoscópico.

Desse modo, quando a intensidade elástica do corpo dinamoscópico é pequena em confronto com as intensidades elástica do sistema, então o leandrômetro é considerado ideal.

8. Conceitos da Medida de Variações de Deformações

Suponha que se tenha entre dois pontos (A) e (B) quaisquer de um sistema, um corpo dinamoscópico de intensidade elástica (i), submetido à ação de uma intensidade de força (ΔF). De acordo com o esquema indicada na seguinte figura:

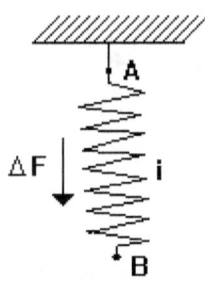

A deformação elástica existente entre os terminais de um corpo dinamoscópico ou entre dois pontos quaisquer de um sistema, pode ser medida com facilidade e precisão por meio de instrumentos apropriados chamados trenas. Na aparência e internamente assemelham-se muito aos dinamômetros. Entretanto, elas não são ligadas como o dinamômetro. Ao contrário, elas devem ter seus terminais em contato com os pontos do sistema entre os quais se deseja medir a variação da deformação.

Dessa maneira, para que uma trena registre a variação de deformação entre os terminais do corpo dinamoscópico, ela deve ser ligada em paralelo com o mesmo. Nessas condições, a variação da deformação entre os terminais da trena deve ser igualar à variação de deformação entre os terminais do corpo dinamoscópico. Essa situação sugere imediatamente que a trena tenha uma intensidade elástica interna grande, e até mesmo infinita em condições ideais.

Uma vez colocado o instrumento em paralelo com o corpo dinamoscópico desejado, a intensidade de força que imprimira o corpo dinamoscópico (após a sua colocação) não deve apresentar intensidade superior ou inferior do que aquela que lhe era impressa anteriormente. No caso ideal, em que o instrumento apresenta intensidade elástica interna infinita, as intensidades das forças que imprimirem o corpo dinamoscópico, antes e depois da colocação da trena, serão exatamente iguais, assim, a trena não provocará nenhuma influência no estado do sistema enquanto estiver concluindo a leitura.

Considere agora uma situação que ocorre em uma leitura de variação de deformação. Suponha que se deseja utilizar somente um leandrometro que também considero uma trena. Em tal situação tem-se o esquema indicado na seguinte figura:

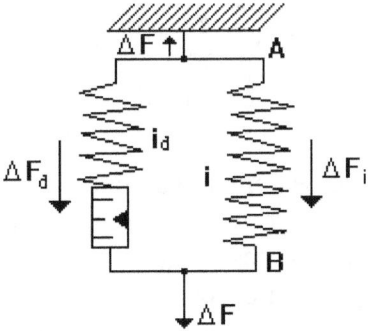

A variação de deformação entre os terminais do corpo dinamoscópico será exatamente igual à variação de deformação registrada entre os terminais do leandrômetro. Portanto, isto implica que:

$$\Delta L \overline{AB} = i_d \cdot \Delta F_d$$

No entanto, a intensidade elástica interna do leandrômetro (i_d) apresenta evidentemente um determinado valor bastante pequeno. Assim, a intensidade de força que lhe é impressa (ΔF_d) pode eventualmente superar o valor do extremo de escala. Nesse caso, ela impossibilita tais medidas de variação de deformação, visto que elas dependem diretamente da intensidade de força ΔF_d. Portanto, para os casos em que ($\Delta F_d > \Delta F_0$) deve-se empregar novamente um artifício, denominado por multiplicador, que consiste em intercalar um corpo dinamoscópico de intensidade elástica conhecida (i_m) em série com o leandrômetro. Como se encontra indicado no seguinte esquema:

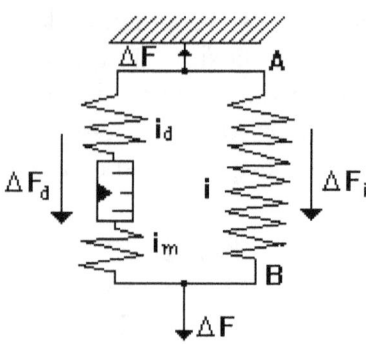

Observe que se tem novamente o mesmo esquema de divisão de intensidade de força; porém, nesse caso a força que imprimirá a trena não apresentará a mesma intensidade inicial. Isso porque o corpo dinamoscópico de intensidade elástica (i_m) foi ligado em série com a trena provocando a queda da intensidade de força (ΔF_d) e uma nova distribuição nas internidades de forças parciais. Quanto menor for a intensidade de força que se almeja fazer imprimir o leandrômetro (ΔF_d), maior deverá ser a intensidade elástica do corpo dinamoscópico que denominei por multiplicador (i_m). Esquematicamente conclui-se que:

i_m cresce → ($i_m + i_d$) cresce → ΔF_d decresce

O dinamômetro fornecerá então o valor da intensidade de força (ΔF_d), que permitirá obter a variação da deformação entre os pontos (A) e (B), pro meio da seguinte igualdade:

$$\Delta L\, \overline{AB} = (i_m + i_d) \cdot \Delta F$$

Pode-se então escolher o conjunto definido pelo leandrômetro e pelo multiplicador de acordo com a situação encontrada, por meio de um trinco seletor. A escala desse conjunto é constituída de forma que se pode ler a variação de deformação diretamente em seu visor. O conjunto é denominado usualmente por trena e é representada simbolicamente por:

Dessa maneira uma retrospectiva do que acabo de afirma resulta que um instrumento de medida não deve modificar de nenhuma forma o sistema dinamoscópico, onde é colocada. Para medir a variação de deformação entre os pontos (A) e (B) do sistema indicado na seguinte figura, coloca-se um leandrômetro em paralelo:

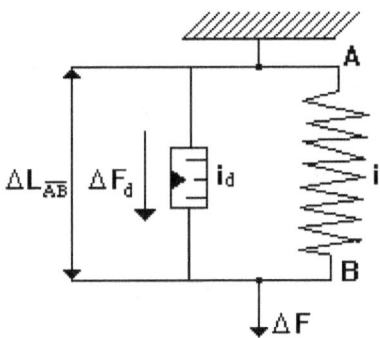

Este instrumento, de intensidade elástica (i_d), é impresso pela intensidade de força (ΔF_d), que desvia o cursor-indicador. Pela primeira lei de Leandro: ($\Delta L \overline{AB} = i_d . \Delta F_d$) e, sendo a intensidade elástica (i_d) conhecida, a medida da variação da deformação se reduz àquela de (ΔF_d).

Nesta medição, existe um gravíssimo inconveniente: a intensidade elástica do leandrômetro ou trena é, em geral, pequena e a associação em paralelo de (i_d) e (i) apresentará uma intensidade elástica resultante bem distinta de (i). A introdução do leandrômetro provoca modificações no sistema, alterando precisamente, a grandeza ($\Delta L \overline{AB}$), que se almeja medir.

Então com a finalidade de se medir corretamente uma variação de deformação, constroi-se um novo instrumento, denominado por trena de acordo com o esquema indicado na seguinte figura:

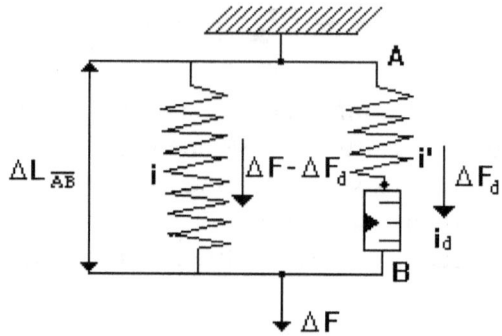

É um instrumento cuja principal característica é ser constituído por uma intensidade elástica enorme (i'), associada em série com o leandrômetro de intensidade elástica interna (i_d). A intensidade elástica resultante na trena é dada pela seguinte expressão:

$$i_T = i' + i_d$$

A intensidade de força imprimida (ΔF) divide-se entre os ramos paralelos e a variação da deformação entre os terminais (A) e (B), ($\Delta L \overline{AB}$) é a mesma nos dois ramos; então resulta que:

$$i_T \cdot \Delta F_d = i \cdot \Delta F - i \cdot \Delta F_d$$

Como o leandrometro mede a intensidade de força (ΔF_d) que o imprime e a intensidade elástica (i_T) é um valor conhecido, constroi-se uma escala graduada do produto ($i_T \cdot \Delta F_d$) que evidentemente corresponde a uma unidade de comprimento. Este produto representa a variação da deformação ($\Delta L \overline{AB}$), quando o instrumento encontra-se adaptado ao sistema, e será denominado por valor lido (V_l). A variação ($\Delta L \overline{AB}$), antes da introdução do instrumento de medida. Representando pela letra (V_e) o valor exato.

Portanto, da expressão acima, obtém-se que:

$$i_T \cdot \Delta F_d = I \cdot \Delta F - I \cdot \Delta F_d$$

$$V_l = V_e - i \cdot \Delta F_d$$

Por intermédio da referida expressão, o valor lido no instrumento é tanto mais próximo do valor exato, quanto menor for a intensidade de força desviada para a trena. Isto se obtém com uma intensidade elástica elevada da trena, condição em que o valor da intensidade da força é desprezível ($\Delta F_d \cong 0$). Então, conclui-se que o valor lido é igual ao valor exato. Simbolicamente:

$$V_l = V_e$$

Portanto, uma trena ideal é aquela, cuja intensidade elástica é infinita.

Desse modo, quando a intensidade elástica da trena é enorme em confronto com as intensidades elásticas do sistema dinamoscópico, a trena é considerada ideal.

A escala da trena é graduada diretamente em unidades de comprimento e acredito que as trenas mais empregadas no futuro nos laboratórios dinamoscópicos serão aquelas graduadas em unidades de centímetros e milímetros.

Assim, em elasticidade, a trena é um instrumento que apresenta as seguintes características:

a) É colocada em paralelo com os pontos do sistema, onde se deseja medir a variação de deformação.

b) Apresenta uma intensidade elástica enorme (i_l), podendo ultrapassar 8.000 ε, em série com um leandrômetro de intensidade elástica (i_d).

9. Conceito de Medida de Intensidade Elástica

A medida de intensidade elástica é uma questão de grande importância prática, tanto no campo das pesquisas científicas, como nas aplicações industriais. Em certos casos essas medidas devem ser realizadas com uma precisão absoluta, mas, na maioria das vezes, é suficiente uma determinação menos rigorosa que pode ser obtida rápida e simplesmente.

Um dos métodos mais elementar para a determinação da intensidade elástica de um corpo dinamoscópico passivo e que tenho empregado com sucesso há algum tempo consiste em se medir a intensidade da força imprimida nela, por meio de um dinamômetro e, ao mesmo tempo, a deformação entre seus terminais, com o auxílio de uma trena, com se pode observar no esquema indicado pela seguinte figura:

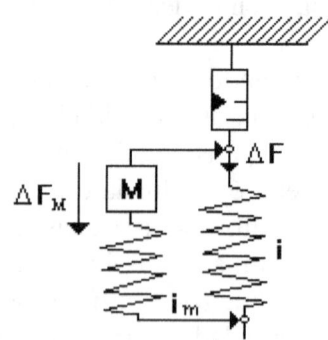

Leandro Bertoldo
Elasticidade – Vol. II

Caso os instrumentos empregados forem adequados esse método é muito conveniente e apresenta precisão suficiente para a maioria das aplicações técnicas. A causa preponderante dos erros são as intensidades elásticas internas dos instrumentos de medida. De fato, se utilizar as ligações do esquema indicado na figura anterior, a intensidade de força indicada pelo dinamômetro não é apenas a que é impressa no corpo dinamoscópico considerado, mas sim a soma desta com aquela que será drenada através da própria trena. Isto é, em vez de star medindo a intensidade elástica (i = $\Delta L/\Delta F$), na verdade está medindo a intensidade elástica dada por: i' = $\Delta L/(\Delta F + \Delta F_M)$, menor que a intensidade elástica (i). Observe que a intensidade elástica (i'), nada mais é do que a intensidade elástica da associação dos corpos dinamoscópcos de intensidade elástica (i) associada em paralelo.

Evidentemente, se a intensidade elástica (i_M) da trena for muito maior do que a intensidade elástica (i), tem-se então que ($\Delta F_M \ll \Delta F$) e, portanto a intensidade elástica (i') será aproximadamente igual a intensidade elástica (i).

Ao medir-se a intensidade elástica do corpo dinamoscópico (i) por meio de um dinamômetro e uma trena, de acordo com o esquema indicado na figura anterior. Obter-se-á as leituras de força no dinamômetro e a de variação da deformação na trena. Conhecendo-se a intensidade elástica interna da trena. É então, possível calcular o valor aparente da intensidade elástica medida e o valor correto dessa intensidade elástica.

O valor da intensidade elástica aparente é igual ao quociente da variação de deformação lida na trena inversa pela intensidade da força indicada pelo dinamômetro acoplado no sistema dinamoscópico.

O referido enunciado é simbolicamente expresso por:

$$i' = \Delta L/\Delta F$$

Evidentemente, para se calcular o valor real, é necessário levar em conta que o valor medido da intensidade da força inclui a intensidade de força aplicada na trena. Isto é, a intensidade de força indicada no dinamômetro é igual à intensidade de força aplicada no corpo dinamoscópico somada com a intensidade da força resultante na trena.

Simbolicamente, o referido enunciado é expresso por:

$$\Delta F' = \Delta F + \Delta F_M$$

O valor da intensidade de força (ΔF_M) que se encontra submetido à trena pode ser facilmente calculada, pois esta é igual ao quociente da variação da deformação que o corpo dinamoscópico é submetido inverso pela intensidade elástica da trena.

O referido enunciado é expresso simbolicamente por

$$\Delta F_M = \Delta L / i_M$$

Logo a intensidade da força presente no corpo dinamoscópico que se está medindo será dada por:

$$\Delta F = \Delta F' - \Delta F_M$$

Então o valor correto da intensidade elástica (i) em debate será igual ao quociente da variação da deformação inversa pela intensidade de força (ΔF) presente no corpo dinamoscópico em debate.

O referido enunciado é expresso simbolicamente por:

$$i = \Delta L / \Delta F$$

O erro é igual à intensidade elástica aparente pela diferença da intensidade elástica real do corpo dinamoscópico.

Simbolicamente é expresso por:

$$\Delta i = i' - i$$

O erro relativo é igual à porcentagem do quociente do erro da intensidade elástica inversa pela intensidade elástica real do corpo dinamoscópico.

O referido enunciado é expresso simbolicamente por:

$$r = (\Delta i/i) \%$$

Na prática tenho verificado com certa frequência alguns casos em que mesmo esse erro quando muito pequeno pode ser desprezado, como quando se está medindo corpos dinamoscópicos cujo limite elástico admissível é de 10% ou 20%. Em outros casos ele pode ser excessivo, e então o valor da intensidade elástica (i) deve ser corrigido, ou então deve ser medido com uma trena de maior sensibilidade e, portanto, de maior elasticidade; ou seja, de maior intensidade elástica interna.

Experimentalmente verifica-se que nas medidas de intensidade elástica realizada pelo processo que foi descrito o erro é aproximadamente igual à relação (i/i_M).

Desse modo, quanto mais sensível for a trena menor será o erro cometido devido à sua intensidade elástica interna.

Outra forma de medir a intensidade elástica por intermédio de um dinamômetro e de uma trena consiste em ligar os instrumentos como indica o esquema da seguinte figura:

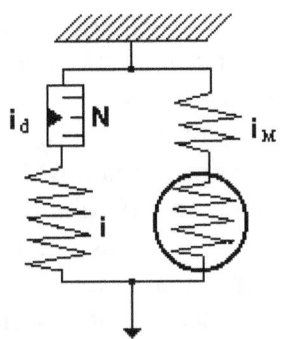

Nesse caso, a indicação da intensidade da força é exata, porém, a trena não mede a variação da deformação no corpo dinamoscópico e sim a deformação na associação formada pelo dinamômetro (i_d) com o corpo dinamoscópico ligado em série. A intensidade elástica medida é, pois, a dessa associação e, portanto, é maior do que a verdadeira intensidade elástica (i). Conhecendo-se a intensidade elástica (i_d), porém, o valor correto de (i) pode ser calculado pela seguinte expressão:

$$i = \Delta L - i_d \cdot \Delta F/\Delta F$$

Note que o erro (ΔR) cometido com o referido tipo de ligação é aproximadamente igual à intensidade elástica (i_d).

10. Dinamômetros e Tremas

Os dinamômetros têm como princípio de funcionamento os efeitos dinamoscópicos produzidos pela intensidade da força ao ser aplicada em corpos dinamoscópicos perfeitamente elásticos. Entretanto, quando instalado num sistema dinamoscópico qualquer, o dinamômetro se comporta do ponto de vista do sistema, como se fosse um simples corpo dinamoscópico, cuja intensidade elástica (i_d) é a do material dinamoscópico interno do instrumento, em particular a da mola de aço espiralada longitudinalmente ou transversalmente.

Os dinamômetros ultrassensíveis são essencialmente microleandrômetros, constituído por um fio de cabelo de relógio. Com o auxílio de corpos dinamoscópicos adicionais a eles comomientemente associados, os dinamômetros podem servir com leandrômetros ou como trenas, com os mais variados alcances. Geralmente um dinamômetro comum não pode ser submetido a uma intensidade de força muito alta, porque, poderá ultrapassar os limites do regime elástico e adquirir deformações permanentes. No entanto associando-se convenientemente vários dinamômetros então, torna-se possível medir altas intensidades de forças sem que danifique o instrumento.

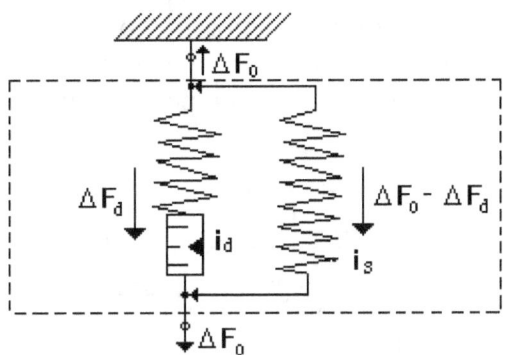

Suponha-se que se almeja construir um dinamômetro cujo valor de extremo da escala seja (ΔF_0) dinas, dispondo-se de uma trena cujo alcance é de (ΔF_d) (naturalmente $\Delta F_d \ll \Delta F_0$). Nessas condições, deve-se associar ao dinamômetro um "baldar" de modo que a intensidade de força (ΔF_0), no sistema se divida em duas partes: uma (ΔF_d), imprimindo o dinamômetro e a outra intensidade de força ($\Delta F_0 - \Delta F_d$), imprimindo o "baldar" de acordo com o esquema indicado na figura anterior.

Evidentemente, ter-se-á que:

$$\Delta F_d \cdot i_d = i_S \cdot (\Delta F_0 - \Delta F_d)$$

A intensidade elástica (i_S) do balder associado ao dinamometro deverá ser pois:

$$i_S = \Delta F_d \cdot i_d / \Delta F_0 - \Delta F_d$$

Ou ainda pode-se expressar que:

$$i_S = \Delta F_d / (\Delta F_0 / \Delta F_d) - 1$$

Observe agora como aclopar um dinamometro para medir deformações até (ΔL_0) unidades de comprimento. Para isso deve-se utilizar um corpo dinamoscópico em série com o instrumento, constituindo, assim, um divisor de deformação (AB). De acordo com o esquema indicado pela seguinte figura:

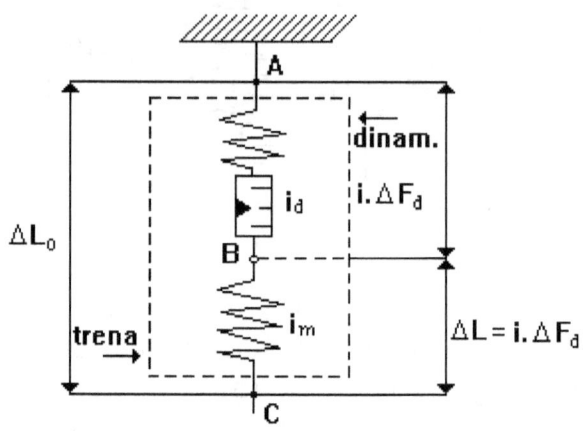

Quando a variação da deformação entre os pontos (A) e (C) for (ΔL_0) unidades de comprimento, então a intensidade de força imprimida no dinamômetro deverá ser (ΔF_d). Nessas condições, a intensidade elástica total da associação (ABC) deverá ser tal que:

$$\Delta L_0 = (i_m + i_d) \cdot \Delta F_d$$

De onde se conclui que:

$$i_m = (\Delta L_0 / \Delta F_d) - i_d$$

O corpo dinamoscópico que se associa em série com o dinamometro para transforma-lo em trena denomina-se multiplicador. Assim, (i_m) é a intensidade elástica multiplicadora da trena considerada no esquema da figura anterior.

A ligação de um instrumento de medida num sistema dinamoscópico altera esse sistema, perturbando a própria grandeza a ser medida. Às vezes essa perturbação é desprezível; às vezes não. Neste último caso, a leitura indicada pelo instrumento deve ser convenientemente corrigida.

Ao medir a intensidade de força imprimida em um corpo dinamoscópico qualquer, por intermédio de um dinamômetro. Conhecendo-se a variação total da deformação do sistema, a intensidade elástica do dinamômetro e a intensidade elástica do corpo dinamoscópico analisado, é então possível comparar o valor da intensidade de força indicada.

Para efetuar-se a media com a trena acoplada ao sistema dinamoscópico, deve-se liga-la entre os pontos (B) e (C), com se pode observar no esquema indicado pela seguinte figura:

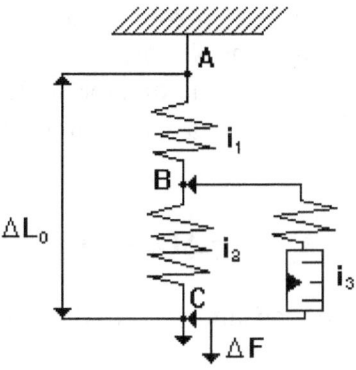

Nessas condições, a intensidade elástica (i_z) da trena fica incorporada ao divisor, associando-se em paralelo com o corpo dinamoscópico de intensidade elástica (i_2). Nessas condições, a intensidade elástica existente entre os pontos (B) e (C) passa a ser:

$$i_R = i_3 \cdot i_2/i_3 + i_2$$

E então o divisor fica alterado, com se pode observar no esquema indicado na seguinte figura:

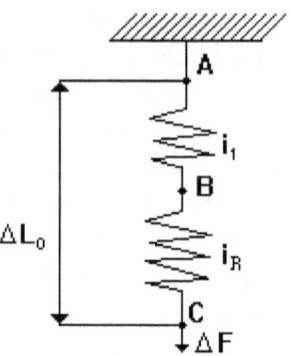

A trena, devido ao corpo dinamoscópico interno que apresenta se comporta como se fosse um corpo dinamoscópico perfeitamente elástico ligado ao divisor de deformação.

A intensidade da força ($\Delta F'$) presente no sistema será então dada por:

$$\Delta F' = \Delta L_0/i_1 + i_R$$

E a leitura do instrumento será dada por:

$$\Delta L'_{BC} = i_R \cdot \Delta F'$$

Caso não houvesse a existência da trena acoplada ao sistema dinamoscópico, a variação da deformação entre os terminais (B) e (C) do divisor de deformação de acordo com o esquema indicado na seguinte figura:

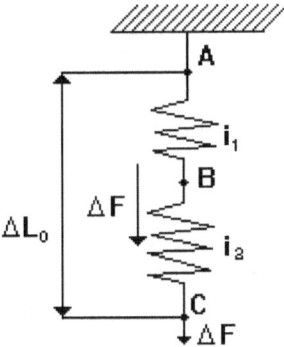

A intensidade da força (ΔF) imprimida no divisor de deformação considerado é expressa por:

$$\Delta F = \Delta L_0 / i_1 + i_2$$

Logo a variação da deformação entre os pontos (B) e (C) será expresso por:

$$\Delta L_{BC} = i_2 \cdot \Delta F$$

Em vez de

$$\Delta L'_{BC} = i_R \cdot \Delta F'$$

Erros assim ocorrem, geralmente, quando a intensidade de força imprimida no sistema dinamoscópico em que se faz a medida da deformação é da mesma ordem de grandeza da intensidade de força que produz a leitura de fundo de escala do instrumento.

O erro cometido na medida com a trena será tanto menor quanto menor for a intensidade de força (ΔF_d) de fundo de escala do instrumento básico. No caso das trenas o inverso dessa força dá o que se denomina por sensibilidade do instrumento. Sendo (ΔL) o alcance da trena e (i) sua intensidade elástica interna, tem-se (ΔF$_d$ = ΔL/i) e, portanto, resulta que:

Sensibilidade: 1/ΔF$_d$ = i/ΔL

A sensibilidade é media em Leandro por unidade de comprimento. Obtém-se o valor da intensidade elástica interna total da trena multiplicando-se a sensibilidade do instrumento pelo valor de fundo da escala. Assim, uma trena de 0-100 cm, com sensibilidade de 750 leandros por centímetros, tem-se uma intensidade elástica total equivalente a i = 750.100 = 75.10^3 leandros.

Um erro abaixo de 18% na grande maioria das medidas realizadas na prática pode ser desprezado. Os próprios instrumentos de medida apresentam um pequeno erro de indicação devido às imperfeições construtivas e às dificuldades de leitura. Nos instrumentos de uso comercial o erro próprio do instrumento na temperatura ambiente pode ser da ordem de 2% ou 3% para leituras no fim da escala. Nos instrumentos de laboratório esse erro obrigatoriamente deve ser bem menor, por exemplo, 0,3% e até 0,5% pode ser ainda considerado. Esses valores do erro indicam a classe de precisão do instrumento.

Para encerrar estas notas relativas à sensibilidade das trenas farei as seguintes observações:

a - A sensibilidade da trena depende exclusivamente do instrumento básico (leandrometro) utilizado na sua construção;

b - Se a trena for constituída por várias escalas, a intensidade elástica interna correspondente a cada escala pode ser obtida multiplicando-se a sensibilidade pelo correspondente valor de fundo de escala;

c - A intensidade elástica interna da trena (correspondente a cada escala) depende do alcance da escala e não da leitura dada pelo instrumento.

Em meus ensaios práticos, os "baldares" e os multiplicadores dos instrumentos de medida são, em geral, colocadas no interior do estojo do próprio instrumento. É muito comum utilizar instrumentos com vários alcances e capazes de funcionar como dinamômetro e como trena. A associação de corpos dinamoscópicos adequados para cada escala é feita por intermédio de uns trincos seletores existentes no instrumento, ou por meio de terminais próprios para cada caso. Instrumentos que além de medirem intensidades de forças e variações deformações são adaptados para medir intensidades elásticas serão estudados logo adiante.

11. Leandrometros e Multímetros Dinamoscópicos

Os leandrometros são instrumentos que permitem medir uma intensidade elástica de um corpo dinamoscópico desconhecido indicando seu valor diretamente sobre a escala convenientemente graduada em leandros. O leandrometro não tem uma precisão absoluta; porém, é bastante simples, seu uso é mais cômodo e fornece as leituras diretamente. Creio que algum dia terá grande aplicação prática, tanto nas indústrias como nos laboratórios.

Existem dois sistemas básicos para os leandrometros: o de associação em série e o de associação em paralelo. Em ambas encontra-se uma caixa como presilha dos extremos livres do sistema dinamoscópico, um dinamômetro, um corpo dinamoscópico ajustável ou reostato e dois terminais (A) e (B) com ganchos para afixação nos extremos da caixa.

O corpo dinamoscópico cuja intensidade elástica (i_x) se quer medir deve ser ligado entre os terminais (C) e (D) do instrumento. De acordo com o esquema indicado na seguinte figura:

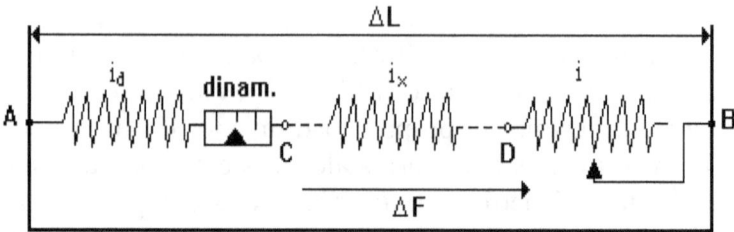

No caso do leandrometro associado em série, submetido à ação de uma intensidade de força e com os extremos (A) e (B) afixado em referenciais absolutamente inerciais um em relação ao outro, então a intensidade de força que é submetida ao dinamômetro é tanto maior quanto menor for a intensidade elástica (i_x) do corpo dinamoscópico ligado entre os seus terminais. De fato, o valor dessa intensidade de força será expresso pela seguinte relação:

$$\Delta F = \Delta L/i + i_d + i_x$$

Portanto, observar-se que à medida que a intensidade elástica (i_x) aumenta a intensidade de força (ΔF) diminui conforme o gráfico indicado na seguinte figura:

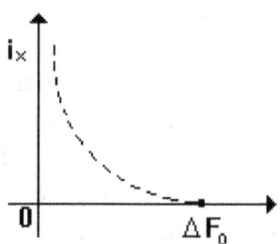

Ao empregar o leandrometro associado em série deve ser ajustada previamente a intensidade elástica do reostato (i). Par isso, com os terminais diretamente ligados de tal forma de ($i_x = 0$); dá-se a (i) um valor tal que a intensidade de força (ΔF_0) no sistema dinamoscópico produz a deflexão total no ponteiro indicador do dinamômetro. Esse ponto da escala é o zero da graduzação em Leandro. Com os terminais (C) e (D) afastados, isolados entre si por fora do leandrometro, na há intensidade de força atuando no sistema dinamoscópico e o ponteiro do dinamômetro fica absolutamente em repouso no ponto inicial da escala. Nesse ponto tem-se uma intensidade elástica (i_x) de valor infinito. Os demais valores de (i_x), entre zero e infinito correspondem a posições intermediárias do ponteiro do instrumento de acordo com a equação expressa anteriormente. A escala de dinamômetro pode, então, ser calibrada para dar, em leituras diretas, os valores da intensidade elástica (i_x).

Os leandrometros associados em série prestam-se muito bem para medir intensidades elásticas desde décimos de leandros a alguns megaleandros. A medida de intensidades elásticas baixas; porém, é preferivel que seja realizada por meio do leandrômetro associado em paralelo; como o esquema indicado na seguinte figura:

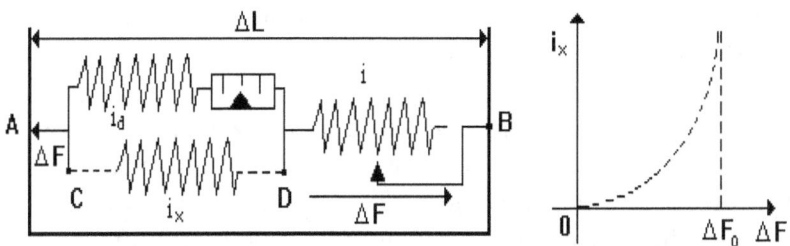

Nesse tipo de leandrometro o corpo dinamoscópico cuja intensidade elástica deve ser medida fica em paralelo com o dinamômetro. A intensidade de força (ΔF) no sistema dinamoscópico divide-se em duas parcelas (ΔF_d) e (ΔF_x). A primeira intensidade de força (ΔF_d) encontra-se presente no dinamômetro e a outra intensidade de força (ΔF_x) encontra-se imprimida no corpo dinamoscópico de intensidade elástica (i_x) em debate. Quanto maior for a intensidade elástica (i_x) menor será a intensidade de força (ΔF_x) e maior a intensidade de força apresenta no dinamômetro. Quando a intensidade elástica (i_x) for infinita, ou seja, quando (C) e (D) estiverem extremamente isolados um do outro, toda a intensidade de força imprimida no sistema dinamoscópico será submetida ao dinamômetro. Esta situação permite que se ajuste o reostato (i) de forma a se ter no sistema uma intensidade de força igual à intensidade de força de fundo de escala do dinamômetro ($\Delta F = \Delta F_0$). Nas experiências o leandrometro de associação em série tem se mostrado muito mais prático do que o leandrometro de associação em paralelo.

Com certa frequência tem sido extremamente comum os leandrometros fazerem parte integrante dos multímetros. Estes são instrumentos compactos contendo um único dinamosmetro que pode funcionar como trena, dinamômetro ou leandrometro.

No interior da caixa do multímetro dinamoscópico, além do dinamômetro, existem vários "baldares" e multiplicadores além de outros corpos dinamoscópicos de pequeno porte e alguns corpos provadores de forças. Por intermédio de um trinco seletor e de terminais apropriados esses corpos dinamoscópicos podem ser convenientemente ligados ao microdinamometro, de forma a permitir medida de deformações, forças ou intensidades elásticas, em várias escalas. As escalas vêm graduadas diretamente no mostrador do instrumento. Os vários multímetros dinamoscópicos que surgirão podem apresentar variações de um tipo para outro, mas o seu funcionamento básico é o mesmo daquele indicado no presente livro.

CAPÍTULO II
Pontes Dinamoscópicas

1. Introdução

Considere um corpo dinamoscópico afixado num referencial inercial por uma de suas extremidades, e na outra lhe seja impressa uma intensidade de força, naturalmente o referido corpo passa a sofrer uma deformação.

Considere novamente, outro corpo dinamoscópico, também afixado por uma de suas extremidades a um referencial inercial, e que a outra extremidade esteja submetida à ação de uma força de uma intensidade qualquer; logicamente esse corpo passará a sofrer uma deformação.

Suponha-se agora que as extremidades onde havia se imprimido a força, sejam ligada uma à outra, constituído nesse ponto de acoplamento um nó.

Na referida descrição pode-se verificar que o corpo dinamoscópico que possuía uma maior intensidade de força elástica armazenada, vai tender a tracionar o corpo dinamoscópico que apresenta uma menor intensidade de força elástica armazenada, o que é verificado pelo sentido do deslocamento do nó pluntiforme.

Por outro lado, ambos os corpos dinamoscópico possuírem a mesma intensidade de força elástica armazenada; ao realizar-se o nó pluntiforme, os corpos dinamoscópicos tracionam-se reciprocamente com a mesma intensidade de força, e, portanto tendem a manter a sua deformação primitiva, e logicamente esse equilíbrio mantém o nó pluntiforme na posição em que ocorreu o aclopamento dos corpos dinamoscópicos.

Ou melhor, as forças tendem sempre a manter um equilíbrio, de tal forma que elas distribuem-se igualmente em cada um dos corpos dinamoscópicos que constituem a ponte.

Pode-se constantar experimentalmente que a força armazenada em cada um dos corpos dinamoscópicos apresenta a mesma intensidade.

Portanto, a variação da intensidade de força resultante em um corpo dinamoscópico associado na ponte de Leandro é igual a variação de intensidade de força resultante no outro corpo dinamoscópico da ponte de Leandro.

O referido enunciado é expresso simbolicamente, por:

$$\Delta F_A = \Delta F_B$$

Sabe-se que a variação de intensidade de força é igual ao quociente da variação de deformação, inversa pela intensidade elástica do corpo dinamoscópico.

Simbolicamente, o referido enunciado é expresso por:

$$\Delta F = \Delta L / i$$

Então considerando cada um dos corpos dinamoscópicos na ponte de Leandro, conclui-se que:

$$\Delta F_A = \Delta L_A / i_A$$

E

$$\Delta F_B = \Delta L_B / i_B$$

que: Igualando convenientemente as duas expressões, resulta

$$\Delta L_A/i_A = \Delta L_B/i_B$$

Expressa do seguinte modo:

$$\Delta L_A/\Delta L_B = i_A/i_B$$

Portanto se pode concluir que, a razão entre as deformações de corpos dinamoscópicos numa ponte de Leandro, está para a razão entre as intensidades elásticas dos mesmos.

2. Ponte Simples de Leandro

A referida expressão constitui uma das leis da ponte de Leandro.

Os corpos dinamoscópicos numa ponte de Leandro se dispõem de modo que as variações das deformações (ΔL), medidas a partir do nó pluntiforme à extremidade afixada, sejam inversamente proporcional às suas intensidades elásticas e deformações.

É chamada por ponte, porque o nó pluntiforme, estabelece uma ponte de ligação entre os dois corpos dinamoscópicos.

O esquema convencional da ponte simples de Leandro encontra-se disposta na seguinte figura:

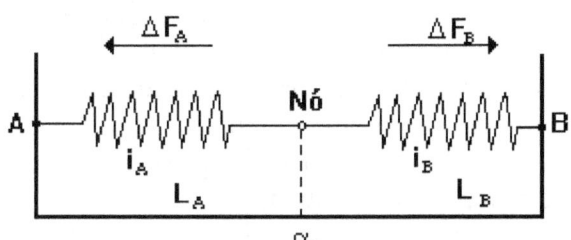

Na ponte simples de Leandro encontram-se dois corpos dinamoscópicos dispostos, segundo uma associação em série. Sejam (i_A) e (i_B) as intensidades elásticas de cada um dos corpos dinamoscópicos. As pontes (A) e (B) prendem as extremidades dos respectivos corpos dinamoscópicos, e como são pontos inerciais, à distância mantêm-se sempre constante, embora ocorra o deslocamento do nó pluntiforme no intervalo dessa distância.

3. Nó Pluntiforme

O nó pluntiforme nasce do acoplamento das extremidades de corpos dinamoscópicos. Apresentam dimensões reduzidas em relação à distância que separa os pontos inerciais. Define-se então, no pluntiforme, como sendo o ponto de conecção entre os corpos dinamoscópicos, cujas dimensões são desprezíveis em relação às distancias que separam os pontos inerciais da ponte de Leandro.

4. Aplicação da Ponte de Leandro

Assim como se mede intensidade de forças com um dinamômetro, constroem-se também instrumentos para a medida da intensidade elástica. Um dos sistemas mais simples é denominado por ponte de Leandro. Dois pontos inerciais mantêm-se separados por uma distância constante e invariável, se um dos corpos dinamoscópicos apresentar intensidade elástica unitária, dessa forma é necessário apenas determinar a variação da deformação do corpo dinamoscópico de intensidade elástica unitária; essa variação é verificada pelo deslocamento do nó pluntiforme numa régua graduada.

Desse modo, aplicando alei de Leandro, tem-se:

$$i_A/i_B = \Delta L_A/\Delta L_B$$

Como a intensidade de um dos corpos dinamoscópicos é unitária, conclui-se que:

$$i_A = \Delta L_A/\Delta L_B$$

A distância que separa as pontes inerciais permanece constante, então basta ter apenas a variação de deformação do corpo dinamoscópico conhecido, para obter a variação da deformação do corpo dinamoscópico desconhecido, pois a distância é igual ao comprimento total do corpo dinamoscópico desconhecido somado com o comprimento total do corpo dinamoscópico conhecido, ou seja:

$$d = L_A + L_B$$

Como se sabe, o comprimento de um corpo dinamoscópico é igual ao comprimento inicial somado com a variação da deformação. Portanto, resulta que:

a) $L_A = \Delta L_A + L_{0A}$

b) $L_B = \Delta L_B + L_{0B}$

Que substituindo convenientemente na última expressão, resulta que:

$$d = (\Delta L_A + L_{0A}) + (\Delta L_B + L_{0B})$$

Como o comprimento inicial do coro dinamoscópico é sempre o mesmo, pode-se zerar a escala ou régua a partir do comprimento inicial do corpo dinamoscópico. Dessa forma, o nó pluntiforme indicará apenas a variação da deformação do corpo dinamoscópico conhecido.

Isto concebido aplica-se a fórmula para determinar a intensidade elástica de um corpo dinamoscópico qualquer:

$$i_A = \Delta L_A / \Delta L_B$$

Por outro lado, poderia graduar-se a ponte de Leandro com uma escala a fim de obter diretamente a leitura da intensidade elástica.

Posteriormente discutirei este ponto sob uma visão mais profunda.

5. Deslocamento do Nó Pluntiforme

"Nó pluntiforme" é a denominação da união, ou acoplamento entre os terminais de dois corpos dinamoscópicos, constituído a ponte de Leandro. Esse nó é apenas um ponto, no qual se pode verificar o sentido do deslocamento do sistema antes de entrar em equilíbrio, o que permite verificar a existência de uma série de fenômenos que ocorrem na ponte de Leandro. Por isso mesmo, nada mais evidente do que estudar o nó pluntiforme, verificando por que razão desloca-se em um sentido e não em outro, em que posição, o nó pluntiforme ficará localizado ao entrar em equilíbrio sob a ação de dois corpos dinamoscópicos que constituem a ponte de Leandro.

No que se refere ao sentido do movimento de um nó pluntiforme, o seu deslocamento ocorrerá no sentido do corpo dinamoscópico que apresentar maior intensidade de força elástica armazenada.

No que se refere à descrição da localização do nó pluntiforme em equilíbrio, em relação aos comprimentos iniciais dos corpos dinamoscópicos, pode-se verificar que o nó pluntiforme encontra-se entre dois corpos dinamoscópicos, distanciando-se muito mais em relação ao extremo do corpo dinamoscópico que apresentar maior intensidade elástica do que o extremo do corpo dinamoscópico que possui uma menor intensidade elástica; ou seja, uma menor deformação.

Para verificar quantitativamente, a distância que separa o nó pluntiforme de um dos corpos dinamoscópicos, considere o seguinte esquema de uma ponte de Leandro:

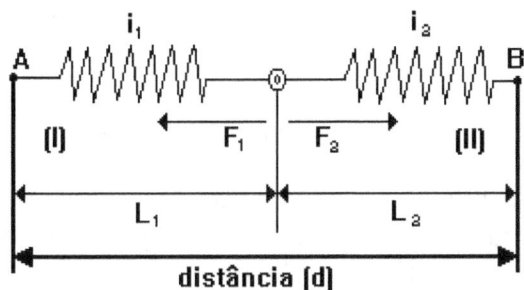

Sabe-se que a variação da deformação (ΔL_1) do corpo de índice (I) é igual ao comprimento (L_1) desse corpo na presença de uma força, pela diferença do comprimento inicial (L_{01}) do referido corpo na total ausência de forças externas. Portanto, o referido enunciado é expresso simbolicamente do seguinte modo:

$$\Delta L_1 = L_1 - L_{01}$$

A variação da deformação (ΔL_2) do corpo dinamoscópico de índice (II) é igual ao comprimento (L_2) desse corpo na presença de uma intensidade, pela diferença do comprimento inicial (L_{02}) que o mesmo possui na ausência de forças externas.

O referido enunciado é expresso simbolicamente por:

$$\Delta L_2 = L_2 - L_{02}$$

A medida da distância (d) que separa os pontos (A) e (B) é igual ao comprimento total (L_1) do corpo dinamoscópico de índice (I) somado com o comprimento total (L_2) do corpo dinamoscópico de índice (II). Uma expressão matemática do referido resultado resulta que:

$$d = L_1 + L_2$$

Tendo em vista os resultados enunciados anteriormente, conclui-se que:

$$d = (\Delta L_1 + L_{01}) + (\Delta L_2 + L_{02})$$

O nó pluntiforme vai deslocar-se apenas no intervalo que compreende as deformações dos corpos dinamoscópicos de índice (I) e índice (II). A medida da distância onde o nó pluntiforme estará localizado corresponde exatamente ao intervalo onde ocorre a deformação de ambos os corpos dinamoscópicos.

Portanto, a distância inicial (d_0) ou como chamo, distância neutra, é igual à soma entre os comprimentos iniciais dos dois corpos associados.

Simbolicamente, o referido enunciado é expresso por:

$$d_0 = L_{01} + L_{02}$$

Sendo que, a variação da distância (Δd); ou seja, o intervalo onde ocorre a variação da deformação de ambos os corpos dinamoscópicos, é igual à distância que separa os pontos (A) e (B) pela diferença da distância inicial.

O referido enunciado é expresso simbolicamente por:

$$\Delta d = d - d_0$$

Portanto, a variação da distância é igual à soma entre as variações das deformações dos corpos dinamoscópicos de índice (I) e (II). O que pode ser verificado pela seguinte demonstração:

Sabe-se que a variação da distância é dada por:

$$\Delta d = d - d_0$$

Substituindo convenientemente esses termos, obtém-se:

$$\Delta d = [(\Delta L_1 + L_{01}) + (\Delta L_2 + L_{02})] - [L_{01} + L_{02}]$$

$$\Delta d = [(\Delta L_1 + L_{01} - L_{01}) + (\Delta L_2 + L_{02} - L_{02})]$$

Eliminando os termos em evidência, resulta que:

$$\Delta d = \Delta L_1 + \Delta L_2$$

Assim, fica provada a proposição que me propus de demonstrar.

Sabendo-se que no equilíbrio dinamoscópico a força resultante entre os corpos dinamoscópicos são iguais.

Simbolicamente, o referido enunciado é expresso por:

$$F_1 = F_2$$

Então, pode-se escrever a lei de Leandro:

$$\Delta L_1 / i_1 = \Delta L_2 / i_2$$

Portanto, isto resulta que:

$$i_2 \cdot \Delta L_1 = i_1 \cdot \Delta L_2$$

Como

$$\Delta d - \Delta L_1 = \Delta L_2$$

Então se pode escrever:

$$i_2 \cdot \Delta L_1 = i_1 \cdot (\Delta d - \Delta L_1)$$

Pela propriedade distributiva, obtém-se:

$$i_2 \cdot \Delta L_1 = i_1 \cdot \Delta d - i_1 \cdot \Delta L_1$$

Isolando um dos termos, tem-se que:

$$i_2 \cdot \Delta L_1 + i_1 \cdot \Delta L_1 = \Delta d$$

Colocando-se a variação da deformação (ΔL_1) em evidência, obtém-se:

$$\Delta L_1 \cdot (i_2 + i_1) = i_1 \cdot \Delta d$$

Portanto, resulta que:

$$\Delta L_1 = i_1 \cdot \Delta d / i_2 + i_1$$

A referida expressão permite calcular a posição do nó pluntiforme a partir do comprimento inicial do corpo dinamoscópico de índice (I).

Se almejar calcular a distância do nó pluntiforme, a partir do extremo do ponto (A) do corpo dinamoscópco, basta simplesmente somar a variação da deformação (ΔL_1) do corpo dinamoscópico de índice (I) pela soma do comprimento inicial (L_{01}) do mesmo.

Simbolicamente, o referido enunciado é expresso por:

$$L = \Delta L_1 + L_{01}$$

Dessa forma, obtém-se a distância que separa a extremidade do corpo dinamoscópico ao nó pluntiforme. Isto significa que o nó pluntiforme distancia-se do terminal afixado do corpo dinamoscópico de índice (I), atingindo o extremo, onde se encontra localizado o nó pluntiforme.

6. Propriedades do Nó Pluntiforme na Ponte Simples de Leandro

Pode ser observado que, quando as forças armazenadas nos corpos dinamoscópicos que constituem a ponte simples de Leandro são distintas uma da outra, o nó pluntiforme (N) abandonado em repouso, num ponto (A), onde ocorreu conexão entre as extremidades dos corpos dinamoscópicos fica sujeito a uma intensidade de força elástica resultante (F_R) e desloca-se, espontaneamente, na direção e sentido da força de maior intensidade. Por outro lado se as forças armazenadas nos respectivos corpos dinamoscópicos que constituem a ponte de Leandro, forem de mesma intensidade, o nó pluntiforme permanece em repouso na posição onde ocorreu o acoplamento ou conexão entre as extremidades dos corpos dinamoscópico.

Outra propriedade da ponte de Leandro reza as seguintes qualidades: Considere dois corpos dinamoscópicos de diferentes intensidades elásticas, constituindo a ponte de Leandro, ao abandonar o nó pluntiforme em um ponto A, onde ocorreu conexão entre os extremos dos corpos dinamoscópico, fica então sujeito a distanciar-se muito mais em relação ao ponto fixo do corpo dinamoscópico de maior intensidade elástica e evidentemente vai distanciar-se muito menos em relação ao ponto fixo do corpo dinamoscópico de menor intensidade elástica. Naturalmente, isso poderá ser observado, quando as intensidades de forças entre os corpos dinamoscópicos se equilibrarem. Assim, uma anula o efeito da outra e o nó pluntiforme entra em repouso. Por outro lado, se as intensidades elásticas forem idênticas entre os corpos que constituem aponte de Leandro; ao correr o equilíbrio, o nó pluntiforme distanciar-se-á igualmente entre a distância que separa o ponto fixo do corpo dinamoscópico de índice (I), ao nó pluntiforme, e deste ao ponto fixo do corpo dinamoscópico de índice (II).

7. Ponte Dupla de Leandro

Assim como se mede a intensidade de força com um dinamômetro e a deformação com uma trena, constroem-se sistemas, para a medida da intensidade elástica. Um dos sistemas que pode ser empregado nas experiências é denominado por "ponte dupla de Leandro", cujo esquema convencional encontra-se esquematizado e indicado na seguinte figura:

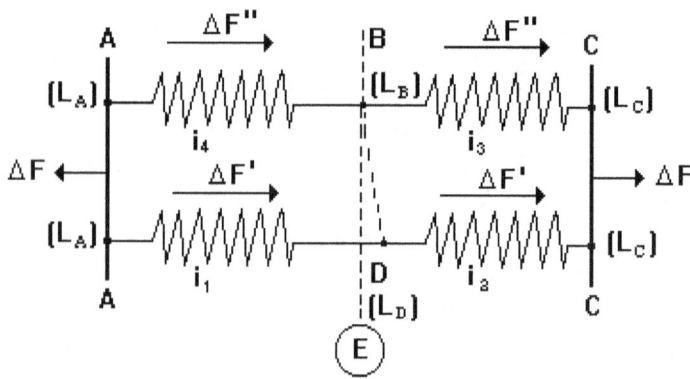

Onde quatro corpos dinamoscópicos estão dispostos, segundo os lados de um retângulo e apresentam comprimentos iniciais iguais. Seja (i_1) a intensidade elástica a ser medida; seja (i_2) um reostato dinamoscópico e seja (i_3) e (i_4), corpos dinamoscópicos de intensidades elásticas conhecidas ou pelo menos, a razão entre elas. Dois nós do retângulo (A e C) são ligados ao sistema que contém a ação da intensidade de força a que é submetido. Entre os outros dois nós (B e D), encontra-se ligado um "fio prumo" e indeformável.

O método usado para a medida é do tipo chamado "prumo", e se baseia em comparar a intensidade elástica de um corpo dinamoscópico a medir, com a intensidade elástica de um corpo dinamoscópico padrão, por intermédio do sistema indicado na última figura.

O esquema é denominado por ponte, porque o fio prumo estabelece uma ponte de ligação entre os dois ramos paralelos (ABC) e (ADC).

Ajusta-se a ponte dupla de Leandro, para que ela entre em prumo, utilizando-se em lugar de qualquer um dos quatro corpos dinamoscópicos colocados nos lados do retângulo, um corpo dinamoscópico de intensidade elástica variável; ou seja, um reostato dinamoscópico. Portanto, fazendo variar a intensidade elástica do reostato dinamoscópico pode-se alcançar a posição de prumagem da ponte sem que ocorra a necessidade de trocar os corpos dinamoscópicos sucessivamente.

Então se ajusta o valor do corpo dinamoscópico de intensidade elástica i_2 na ponte dupla de Leandro de modo que o fio prumo não acuse angulo diferente de 90 graus; diz-se, então, que a ponte está no "prumo". O fio prumo representado pela letra maiúscula (E), que deve ter 90 graus ao centro, só serve então par indicar se a ponte está ou não em prumo, e por isso mesmo é chamado por "indicador de prumo". Assim, os pontos (B) e (D) estão ao mesmo estado de deformação ($L_B = L_D$). Então, conclui-se que:

$$L_A - L_B = L_A - L_D$$

E

$$L_B - L_C = L_D - L_C$$

Ou seja;

$$\Delta L \overline{AB} = \Delta L \overline{AD}$$

E

$$\Delta L\,\overline{BC} = \Delta L\,\overline{DC}$$

Quando a ponte está no prumo, a intensidade de força ($\Delta F'$) que é submetido em (i_1) também está submetida em (i_2). Assim, são absolutamente iguais, isto porque os referidos corpos dinamoscópicos estão associados em série. A intensidade em (i_4), também está submetida em (i_3), portanto são iguais; pois estão associados em série.

Portanto, pela primeira lei de Leandro aplicada entre os terminais (A e B) e entre os terminais (A e D), vem que:

$$L_A - L_B = i_1 \cdot \Delta F'$$

$$L_A - L_D = i_4 \cdot \Delta F''$$

Porém, no prumo ($L_B = L_D$) e, portanto resulta que:

$$i_1 \cdot \Delta F' = i_4 \cdot \Delta F''$$

Aplicando analogicamente a primeira lei de Leandro entre os terminais (B e C) e entre os terminais (D e C), vem que:

$$L_B - L_C = i_2 \cdot \Delta F'$$

$$L_D - L_C = i_3 \cdot \Delta F''$$

Porém, no prumo ($L_B = L_D$) e, portanto resulta que:

$$i_2 \cdot \Delta F' = i_3 \cdot \Delta F''$$

Dividindo estas duas equações membro a membro, resulta que:

$$i_1 \cdot \Delta F'/i_2 \cdot \Delta F' = i_4 \cdot \Delta F''/i_3 \cdot \Delta F''$$

Portanto, eliminando os termos em evidência, resulta que:

(I) $i_1/i_2 = i_4/i_3$

Ou seja:

(II) $i_1 \cdot i_3 = i_2 \cdot i_4$

Essa é a condição que dá uma intensidade elástica (i_1) em função das outras três. Ou seja, o produto das intensidades elásticas colocadas nos ramos opostos é igual. Pode-se concluir que:

Na parte dupla de Leandro, em prumo, são iguais os produtos das intensidades elásticas opostas.

Simbolicamente, o referido enunciado é expresso por:

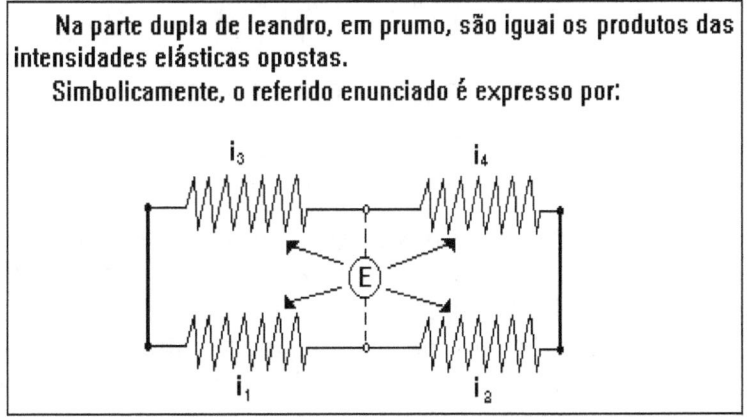

Na ausência de forças externas o comprimento inicial dos corpos dinamoscópicos i_4, i_3, i_1 e i_2 devem ser iguais, para tanto se deve prolongar ou diminuir o terminal dos referidos corpos.

A condição de prumagem da ponte, expressa pela equação (I) acima, ou sua equivalente (II), permite determinar uma intensidade elástica desconhecida por meio de outras três cujos valores são perfeitamente conhecidos.

8. Ponte de Escala de Leandro

Creio que em laboratórios, a ponte dupla de Leandro pode ser empregada na forma esclarecida como ponte de escala de Leandro. Considere então, o esquema indicado na seguinte figura:

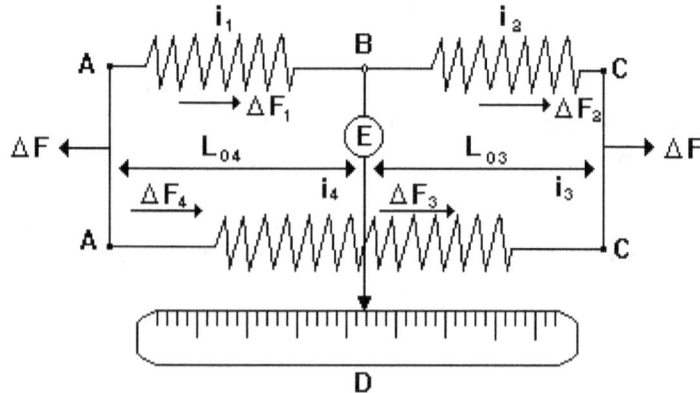

Entre os pontos (A e C) existe um corpo dinamoscópico homogêneo e de área de seção transversal constante e uniforme. O terminal (D) do fio prumo tem a possibilidade de se movimentar, ocupando uma posição qualquer entre os intervalos (A e C). Uma vez fixado o terminal (D) numa posição qualquer se tem então, entre (A e D), uma intensidade elástica (i_{AD}) e entre (D e C), outra intensidade elástica (i_{DC}), que pode ser perfeitamente calculadas por intermédio da terceira lei de Leandro, ou seja:

$$i_{AD} = \eta \cdot L_{0AD}/A$$

E

$$i_{DC} = \eta \cdot L_{0DC}/A$$

Onde a letra maiúscula (A) é a área da seção transversal do corpo dinamoscópico (AB) e a letra (η), representa a característica dinamoscópica do material que o constitui.

Sejam então os corpos dinamoscópicos de intensidades elásticas (i_1, i_2, i_3 e i_4) indicados na última figura e seja (ΔF_1, ΔF_2, ΔF_3 e ΔF_4), as respectivas intensidades de forças, seja então (ΔF) a intensidade total de força que é impressa no sistema dinamoscópico considerado.

Nota-se assim que o esquema da ponte de escala de Leandro é extremamente semelhante ao da ponte simples de Leandro, com a vantagem de poderem-se utilizar apenas dois corpos dinamoscópicos de intensidade elástica (i_1 e i_2) quaisquer. Além disso, por meio do fio prumo, em qualquer estágio de deformação, tem-se sempre o comprimento dos corpos dinamoscópicos igualados sem a necessidade de utilizar um reostato dinamoscópico. Pode-se comprovar esse fato por meio do fio prumo que permanece sempre a noventa graus ao ser colocado no ramo definido entre (B e D).

Nessa situação diz-se que aponte de escala de Leandro permanece sempre no prumo, e pode-se então escrever:

$$\Delta F_1 = \Delta F_2$$

$$\Delta F_3 = \Delta F_4$$

Portanto, substituindo na primeira lei de Leandro, obtém-se:

$$i_1 \cdot \Delta F_1 = i_{AD} \cdot \Delta F_4$$

$$i_2 \cdot \Delta F_2 = i_{DC} \cdot \Delta F_3$$

Dividindo membro a membro, obtém-se:

$$i_1 \cdot i_{DC} = i_2 \cdot i_{AD}$$

Que substituindo na terceira lei de Leandro, resulta que:

$$i_1 \cdot \eta \cdot L_{0DC}/A = i_2 \cdot \eta \cdot L_{0AD}/A$$

Eliminando os termos em evidência resulta na seguinte expressão:

$$i_1 \cdot L_{0DC} = i_2 \cdot L_{0AD}$$

A referida igualdade é a condição que expressa uma intensidade elástica em função de outra e dos comprimentos iniciais medidas entre os terminais (A e D) e entre os terminais (D e C).

Dessa maneira conclui-se que os produtos das intensidades elásticas pelos comprimentos iniciais dos corpos dinamoscópicos homogêneos opostos a elas são absolutamente iguais.

Em laboratórios, a ponte de escala de Leandro é empregada sob a forma simplificada. Observe a ponte simples de Leandro no esquema da seguinte figura:

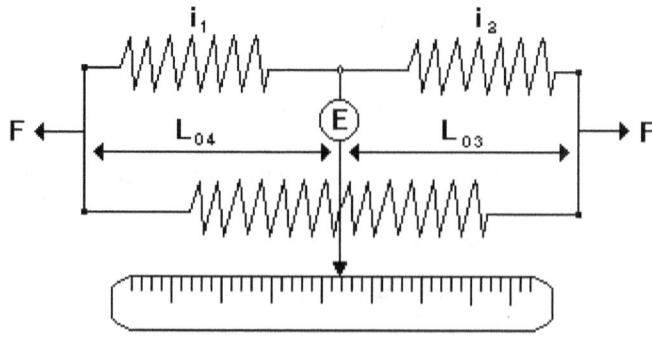

Substituindo-se os corpos dinamoscópicos (i_3) e (i_4) por um corpo dinamoscópico homogeneo de seção transversal reta constante, sobre o qual se apoia um cursor ligado fio prumo. O cursor indica o equilíbrio do fio prumo em posição conveniente. A intensidade elástica (i_2) é fixa e denominei por "intensidade elástica de comparação". Tem-se o seguinte:

$$i_3 = \eta \cdot L_{03}/A$$

$$i_4 = \eta \cdot L_{04}/A$$

Onde:

$$i_1 \cdot i_3 = i_2 \cdot i_4$$

Portanto, substituindo convenientemente, resulta que:

$$i_1 \cdot \eta \cdot L_{03}/A = i_2 \cdot \eta \cdot L_{04}/A$$

Eliminando os termos em evidência resulta que:

$$i_1 = i_2 \cdot L_{04}/L_{03}$$

Devo chamar a atenção para mostrar como é importante observar que não influem na propriedade da ponte, a ação da força imprimida e as intensidades elásticas, que formam o sistema de ação da ponte simples de Leandro.

Porém, nessa ponte observar-se-á que a mesma permanece sempre prumada, sem que exista a necessidade de aprumar-la com um reostato dinamoscópico, caso que era sumariamente importante na ponte dupla de Leandro.

Então ao tirar da ponte de escala de Leandro, o corpo dinamoscópico homogêneo de seção reta uniforme, as medidas da escala corresponderão aos comprimentos dos corpos dinamoscópicos de intensidade elástica (i_1) e (i_2).

Isto porque a única finalidade do corpo dinamoscópico de seção transversal reta constante era a de controlar o prumo da ponte; porém, nessa ponte ele não apresenta finalidade alguma, pois a ponte permanece sempre no prumo.

Portanto, o esquema da ponte de escala de Leandro pode ser simplificado em conformidade com o esquema indicado na seguinte figura:

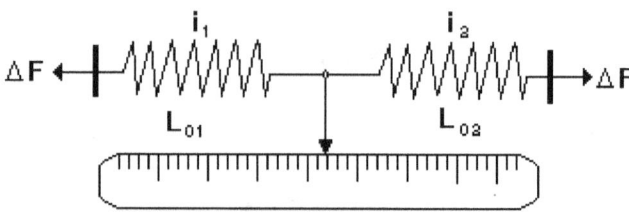

Então a fórmula da ponte simples de Leandro é expressa da seguinte maneira:

$$i_1 = i_2 \cdot L_{01}/L_{02}$$

O referido esquema é a ponte simples de Leandro, forma sob a qual será no futuro, largamente utilizada em laboratórios.

Se então (i_2) for um corpo dinamoscópico de intensidade elástica padrão; isto é, um corpo dinamoscópico cuja intensidade elástica é conhecida com precisão, então a intensidade elástica (i_1) poderá ser determinada medindo os comprimentos iniciais (L_{01}) e (L_{02}) dos corpos dinamoscópicos da ponte de escala de Leandro simplificada.

Creio que em uso industrial ou em laboratório as pontes deverão naturalmente ser montadas de forma compacta, numa caixa contendo todos os elementos inclusive a escala e os corpos dinamoscópcos de intensidade elástica padrão. Os elementos deverão ser dispostos de forma cômoda para ser utilizada, possuindo blocos terminais apropriados de para reduzir a um mínimo as intensidades elásticas de contato. O contato é comandado por uma espécie de trinco rotativo e a relação (L_{01}/L_{02}) pela qual se deve multiplicar a intensidade elástica padrão que já deve vir indicada num mostrador apropriado. As intensidades elásticas padrões podem ser relacionadas por um trinco seletor ou por uma cavilha metálica que faz o contato desse corpo dinamoscópico com uma barra metálica.

CAPÍTULO III
A Humanidade e a Elasticidade

1. Introdução

No presente capítulo vou procurar mostrar a origem do conhecimento da elasticidade e as sua aplicação utilizada pela humanidade.

O segundo nível sobre o qual se pode concluir algo a respeito da elasticidade corresponde a um emprego cautelosamente empírico, a uma determinação absoluta. O conceito está então ligado à utilização prática da elasticidade. Dessa maneira beneficia-se imediatamente da objetividade instrumental. Note-se, portanto, que se pode evocar um longo período em que o instrumento precede a sua teoria. No que diz respeito à antiga conceitualização de elasticidade, é evidente que o arco é utilizado antes que se conheça a teoria dinamoscópica. Então, a princípio, o conceito de elasticidade apresenta-se diretamente, como o substituto de uma experiência primeira que é decidida e infalível.

2. Utilização das Deformações Elásticas

Sem dúvida alguma, a deformação dos materiais foi uma das primeiras descobertas da humanidade. Creio que esse fato tão simples permite traçar a "conduta do cabaz" estudada por Pierre Janet para caracterizar uma das primeiras formas da inteligência humana.

A própria força elástica era conhecida pelos homens primitivos. Um exemplo disso é a sua aplicação nas construções de arcos.

O arco é a mais antiga máquina constituida por mais de uma peça. Foi inventado em data desconhecida. Sua representação mais antiga, porém, é uma pintura em rocha datada entre os anos 30.000 e 15.000 a. C. (cerca do final da Idade da Pedra Lascada), encontrada numa caverna norte-africana. O arco mais antigo que se conhece foi desenterrado de um pântano de turfa na Dinamarca. Foi utilizado por volta de 10.000 e 3.000 a.C. Contudo, o instrumento encontra-se muito bem conservado.

Não é possível afirmar com certeza como surgiu a ideia de fazer um arco (talvez tenha sido a observação da elasticidade dos galhos de árvores). De fato os primeiros arcos eram de madeira.

Já os arcos mais recentes já são feitos de várias partes combinadas de um mesmo material, ou de materiais distintos dispostos de maneira que suas características particulares dêem ao arco maior força e elasticidade. Entretanto os modernos empregam, geralmente, metal e fibra de vidro.

Em qualquer tipo de arco, a elasticidade deve ser fornecida exclusivamente pela trave do arco propriamente dita.

Inventada provavelmente na China e muito utilizada na Europa durante o período da Idade Média, a "besta" foi outro desenvolvimento do arco. Preso horizontalmente numa coronha, seu arco curto era potente. Exigia tanta força para ser distendido que quase sempre seu cordão tinha que ser puxado por meio de um molinete ou outro mecanismo semelhante. O disparo da flecha era feito por um gatilho.

Os instrumentos a pouco descritos revelam claramente o emprego das deformações elásticas pelo homem.

Somente no final da Idade Média, com a introdução das armas de fogo, o arco perdeu sua importância como arma na Europa. Hoje em dia o arco é usado apenas em competições esportivas, exceto entre os povos primitivos.

3. Utilização das Deformações Permanentes

Desde os seus primeiros passos sobre a face da terra, o homem vem utilizando as deformações permanentes dos materiais dinamoscópicos.

Já nos primórdios, o ouro atraiu a atenção do homem, que começou a utiliza-lo no fabrico de objetos de ardono.

Os brincos encontrados nas grutas de Ermergeira (Torres Vedras) são de grande beleza, feitos de chapa de ouro finalmente martelada, e magnificamente decorados segundo a técnica do pontilhado.

Outros objetos de ouro encontrados em sepulturas do Calcolítico, nomeadamente delgadas folhas e placas, provam sem margem de dúvida que os homens pré-históricos empregaram em larga escala as deformações permanentes, o que permitia dar qualquer forma aos objetos.

Se bem que o aparecimento de verdadeiros tesouros datando dos tempos remotos da humanidade seja relativamente raro, alguns têm sido encontrados e todos eles nos maravilham pela sua beleza e perfeição.

A arte dos primeiros ouvires era muito simples. A folha de ouro, batida até adquirir a forma pretendida, era depois cinzelada ou burilada de diversos modos. Muitos destes ornamentos de ouro, como o "disco solar da Baixa Saxônia", apresentam orifícios em ambas às extremidades através dos quais eram cosidos ao vestuário. Foram encontrados em muitas regiões da Europa discos de ouro com cruzes embutidas indicando o culto do Sol.

É de grande esplendor a taça de ouro de Rillaton deve o nome ao túmulo da Cornualha onde foi encontrada. Datada do ano 1500 a. C., foi feita de uma única folha de ouro batida e a sua alça é presa por rebitos e anilhas de ouro.

Pelo que foi exposto pode-se muito bem concluir que as chapas de ouro batido provam muito bem que os homens primitivos não só conheciam como também aplicavam os efeitos resultantes das deformações permanentes.

4. Estudo das Deformações

Na Idade Média, os escolásticos passaram a estudar as deformações não propriamente em fatos intuitivos, mas antes análises e comentários.

Assim, Francis Bacon escreve na sua obra imortal intitulada "Novum Organum": "um pedaço de couro se deixará esticar até certo ponto, sem se rasgar, pois depois desse ponto o movimento de continuidade domina o movimento de tensão; mas mais esticado o corpo se rompe, e então o movimento de continuidade sucumbe". Em outra parte fala: "Assim é que, encurvando-se uma vara, por compressão, depois de certo tempo ela não retorna a posição inicial. E isso não ocorre devido à diminuição da madeira, causada pelo tempo, pois o mesmo ocorre com uma lâmina de ferro (em tempo maior), onde não ocorre qualquer desgaste".

Com a evolução do racionalismo cartesiano, a física envolve consideravelmente. E a elasticidade é então desenvolvida por grandes físicos entre os quais e destacam: Robert Hook; Thomas Young; James Clerck Maxwell etc.

CAPÍTULO IV
Comportamento das Forças

1. Introdução

Ao pretender fazer um estudo sistemático dos sistemas dinamoscópicos, depara-se com dois tipos gerais de problemas, que são os seguintes:

a - os de análise dos sistemas dinamoscópicos
b - e os de síntese dos sistemas dinamoscópicos

Por "análise de um sistema dinamoscópico", entende-se a determinação da intensidade de força imprimida e da variação da deformação resultante nos vários corpos dinamoscópicos que constituem o sistema considerado. Digo que o sistema e considerado, quando forem conhecidas as características dos corpos dinamoscópcos que o constituem e a forma pela qual esses corpos estão interligados. Em outros termos, um sistema dinamoscópico é considerado quando forem conhecidos seus corpos dinamoscópicos e sua geometria.

Ao problema de análise se opõe o de síntese de um sistema, que consiste na determinação dos corpos dinamoscópicos do sistema ou de parte deles, pelo menos e de como devem ser interligados para que o sistema tenha o comportamento desejado. Os problemas de síntese são, em geral, bem mais complexos que os de análise.

Um estudo sistemático quer dos problemas de síntese, quer dos problemas de análise dos sistemas dinamoscópicos, está além dos postulados que pude estabelecer até o presente momento. Entretanto, vou procurar incluir neste capítulo a título de introdução à teoria geral dos sistemas dinamoscópicos, alguns tópicos elementares de análise sistemática de sistemas dinamoscópicos lineares.

Nos capítulos anteriores tenho realizado a análise de alguns corpos e sistemas dinamoscópicos muito simples cuja solução pode ser obtida de forma quase imediata. No caso de sistemas mais complexos, que apresentam um grande número de malhas, a solução torna-se mais trabalhosa e por essa razão vou procurar desenvolver um método e deduzir teoremas gerais destinados a sistematizar o encaminhamento dos cálculos que podem ser, inclusive, processados em computadores. As leis de Leandro que passarei a estabelecer no presente capítulo constituem a base do mais imediato de uma série de métodos que podem ser desenvolvidos. Sua aplicação, porém, ainda é bastante trabalhadora, no entanto para um início do estudo é o suficiente. Embora assim limitado, o objeto assunto deste capítulo reveste-se de importância fundamental, porque aborda critérios gerais que servem de base ou que podem ser facilmente estendidos aos casos gerais de análise dos sistemas dinamoscópicos.

2. Definições dos Elementos de um Sistema Dinamoscópico

Com referência aos sistemas dinamoscópicos, são úteis as seguintes definições básicas:

Rede elástica

Um conjunto de elementos de um sistema ligados entre si de uma maneira qualquer, denomina-se rede elástica.

Nó dinamoscópico

Numa rede elástica denomino por "nó" a qualquer ponte de interligação, de três ou mais corpos dinamoscópicos.

Lado dinamoscópico

Denomina-se "Lado" todo trecho de um sistema compreendido entre dois nós consecutivos. Ou seja, é todo corpo dinamoscópico ou associação em série de corpos dinamoscópicos de um sistema dinamoscópico.

Malha dinamoscópica

Chama-se "malha" todo conjunto de ramos que forma um percurso fechado.

O esquema indicado na seguinte figura permite visualizar os conceitos emitidos há poucos instantes:

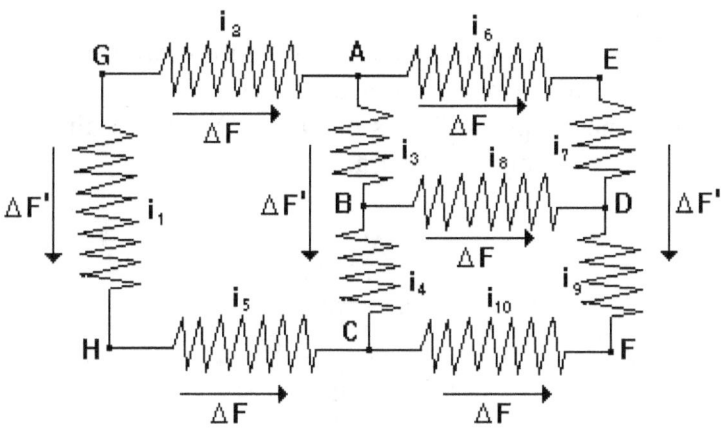

a) Os nós são os seguintes:

A; B; C; D; E; F; G e H.

b) É formada pelos seguintes corpos dinamoscópicos:

i_1; i_2; i_3; i_4; i_5; i_6; i_7; i_8; i_9 e i_{10}.

c) Apresenta os seguintes Lados:

AB; BC; BD; AED; CFD; AG; GH e HC.

d) As malhas são as seguintes:

ABCHG; AEDB; BDFC; GAEDBCHG; GABDFCHG; AEDFCBA; GAEDFCHG.

Para estudar uma rede é, muitas vezes, conveniente desenhá-la de forma esquemática, representando cada lado pro um traço simples. Esses esquemas simplificados são largamente chamados por "grafos".

Em alguns casos, o grafo de uma rede deve ser transformado sem que se alterem as ligações, de forma a facilitar o seu estudo, ou a permitir a identificação de sistemas aparentemente distintos.

Os sistemas dinamoscópicos, cujos grafos podem ser desenhados em um plano, sem que haja cruzamento de lados, são denominados por sistemas planares. O sistema dinamoscópico indicado na seguinte figura:

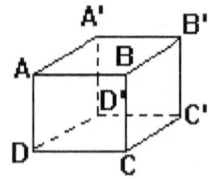

É constituído por doze lados dispostos segundo as arestas de um cubo, é um sistema planar, pois seu grafo pode ser desenhado de acordo com a seguinte figura:

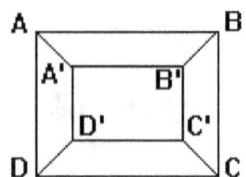

Sem que exista cruzamento de lados. Já um sistema constituído pelos lados correspondentes às arestas e mais uma diagonal, como a indicada na seguinte figura:

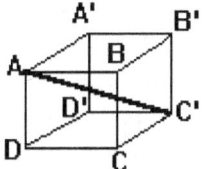

Evidentemente o referido sistema não é planar, pois não existe possibilidade de redesenha-la em um plano sem que haja cruzamento de lados, de acordo com o grafo indicado na seguinte figura:

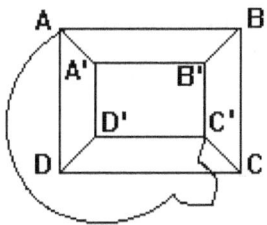

3. Número de Nós de uma Rede Elástica

A contagem do número total de malhas e de nós não é o que realmente interessa no processo de análise dos sistemas dinamoscópicos. É muito mais útil definir o número de nós e malhas independentes como mostrarei a seguir.

Ao analisar um sistema dinamoscópico, devem-se determinar as deformações e intensidades de forças que os vários corpos dinamoscópicos associados apresentam. Uma vez que são conhecidas as características de todos esses corpos dinamoscópicos, torna-se evidente que a análise se reduz à determinação apenas da intensidade de força ou da deformação em cada corpo dinamoscópico, pois as grandezas restantes ficam perfeitamente determinadas pela característica dos respectivos corpos dinamoscópicos. Entretanto, como os vários corpos pertencentes a cada lado estão ligados em série e, portanto são impressos pela mesma intensidade de força, a solução do problema fica ainda reduzida à determinação das intensidades de forças de lado. Por outro modo, as intensidades de forças de lado ficam definidas pela deformação resultante entre os vários nós. Isso simplesmente significa que, fixada arbitrariamente a deformação de um nó, as deformações resultantes nos demais nós (n – 1) fixam o comportamento da rede elástica. Diz por isso que a rede apresenta (n – 1) nós independentes.

Do que acabei de afirmar, conclui-se que é muito simples determinar o número de nós independentes de uma rede elástica qualquer; número total de nós, menos o índice "um". O número de malhas independentes, porém, é mais complexo de ser conceituado; no entanto vou procurar mostrar, com o decorrer do desenvolvimento do presente livro.

4. Medida da Intensidade de Força Elástica

Para medir a intensidade de uma força elástica, são construídos instrumentos denominados por dinamosmetros. Esses instrumentos funcionam baseados nos efeitos dinamoscópicos. E apresentam dois terminais: um terminal inercial e outro para a aplicação da força que se quer medir. Estes instrumentos devem ser aclopados no sistema dinamoscópico, de modo que a intensidade de força a ser medida possa imprimi-lo.

Considere dois sistemas dinamoscópicos. No caso (I), existe apenas uma tração dinamoscópica para a intensidade de força que se quer determinar. Verifica-se então que esse sistema é constituindo por dinamômetros associados em série, (D_1, D_2, e D_3), colocados em diversos pontos do sistema, e nesse caso, dão a mesma indicação da intensidade da força imprimida no sistema dinamoscópico. Logo, conclui-se que, para sistemas dinamoscópico cujos corpos estão associados em um único lado; ou melhor, conclui-se que para sistemas dinamoscópicos que oferecem apenas uma deformação para a força, "a intensidade da força é a mesma em todos os pontos", justificando perfeitamente a lei da intensidade da força resultante de uma associação em série de corpo dinamoscópicos.

A seguir apresentarei o esquema da figura (I), nesse esquema pode ser observada a associação em série de dinamômetros. Portanto esse sistema oferece apenas uma deformação dinamoscópica para a intensidade de força imprimida.

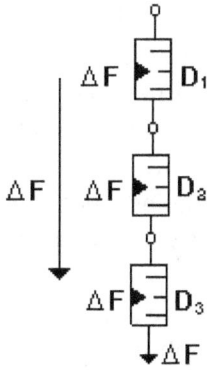

A seguir passo a apresentar um sistema de associação em paralelo de dinamômetros. Neste sistema a intensidade de força se ramifica.

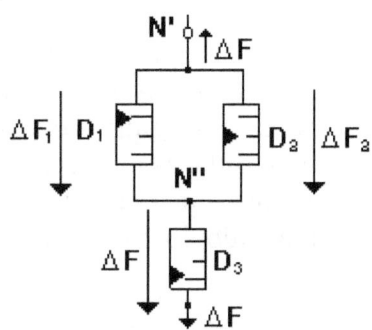

No caso indicado na figura anterior, entre os pontos (N' e N''), têm-se duas trações dinamoscópicas que denominei por "lados" do sistema principal. Os pontos (N' e N'') nos quais a intensidade da força imprimida se divide são denominados por "nós" do sistema dinamoscópicos. Os dinamômetros (D_1 e D_2) foram colocados nos ramos ou como se queira lados, e o dinamômetro (D_3), foi intercalado no sistema principal. Na ausência total de forças externas, as intensidades das mesmas são, respectivamente, (ΔF_1, ΔF_2 e ΔF). Porém, ao imprimir uma intensidade de força, verifica-se experimentalmente que os dinamômetros indicam que: ($\Delta F = \Delta F_1 + \Delta F_2$). Estando perfeitamente de acordo com a lei da intensidade de força resultante de uma associação em paralelo.

Considerando-se o nó (N), passo a enunciar a seguinte lei ou regra, que almejo que seja conhecida como regra de Leandro, que em geral é válida para qualquer nó de um sistema dinamoscópico, e, é enunciada nos seguintes termos: "Em um nó, a soma das intensidades de forças imprimida é igual à soma das intensidades de forças oriunda da resultante".

Com relação aos referidos tipos de associações, vou procurar estuda-la nos capítulos que se seguirão.

5. Princípio de Leandro

O princípio de Leandro designa-se a uma importante propriedade das forças aplicadas na elasticidade, de apresentarem a mesma intensidade ao longo de qualquer coro dinamoscópico imprimido por ela. Isso significa que, durante o processo de deformação, as intensidades de forças que são impressas em duas seções (S_1 e S_2) quaisquer de um corpo dinamoscópico são sempre iguais. De acordo com o esquema indicado na seguinte figura:

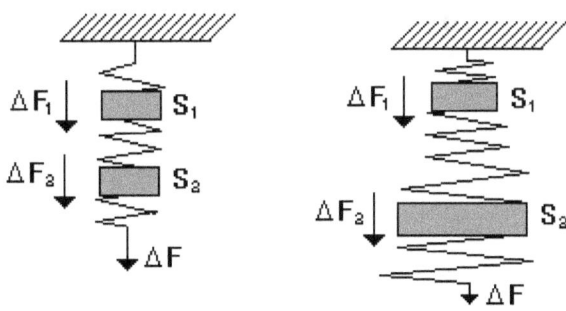

$$\Delta F_1 = \Delta F_2$$

O princípio de Leandro é enunciado nos seguintes termos:

"As forças aplicadas em qualquer corpo dinamoscópico apresentam a mesma intensidade ao longo desse corpo, mesmo que seja constituído por diferentes seções transversais".

Embora bastante elementar, quando a intensidade de força é impressa a um único corpo dinamoscópico, o princípio de Leandro é válido também em situações mais complexas.

Por exemplo, nos esquemas indicados nas figuras que se seguem procuro apresentar caso em que vários corpos dinamoscópicos se unem em determinado ponto.

(A) $\Delta F_1 = \Delta F_2 + \Delta F_3$

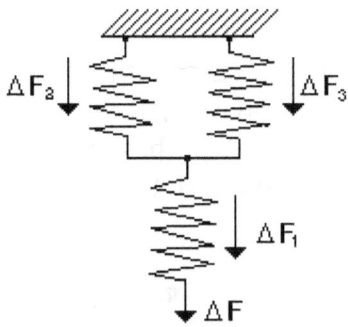

(B) $\Delta F_3 = \Delta F_1 + \Delta F_2$

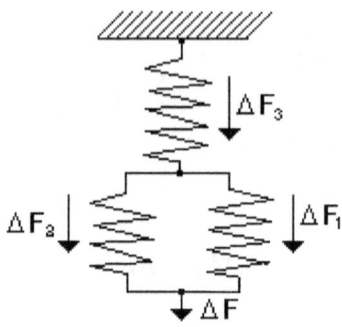

(C) $\Delta F_1 = \Delta F_2 + \Delta F_3 + \Delta F_4 + \Delta F_5$

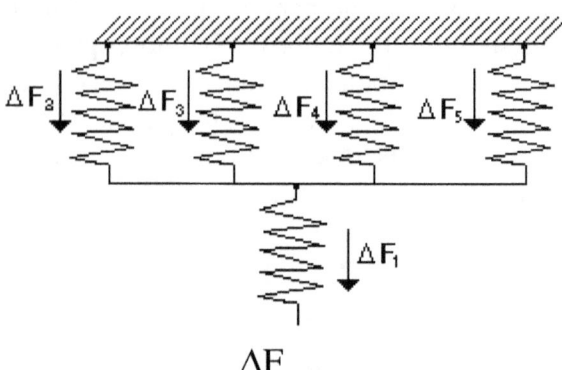

Pode-se, então, ter várias situações. Se uma intensidade de força é impressa no corpo dinamoscópico (ΔF_1) e prossegue imprimindo os outros dois corpos dinamoscópicos, como o esquema indicado na figura (A), têm-se então pelo princípio de Leandro o seguinte:

$$\Delta F_1 = \Delta F_2 + \Delta F_3$$

Se ao contrário, a intensidade de força estiver sendo impressa nos corpos dinamoscópicos (ΔF_1 e ΔF_2) e prossegue imprimindo o corpo dinamoscópico (ΔF_3), como o esquema indicado na figura (B), então, o princípio de Leandro permite exprimir que:

$$\Delta F_3 = \Delta F_1 + \Delta F_2$$

Outro exemplo encontra-se representado no esquema indicado na figura C. Tem-se no referido sistema, uma intensidade de força imprimida no corpo dinamoscópico (ΔF_1) e se divide entre os terminais do sistema dinamoscópico prosseguindo a aplicação da intensidade de força. Então pelo princípio de Leandro, resulta que:

$$\Delta F_1 = \Delta F_2 + \Delta F_3 + \Delta F_4 + \Delta F_5$$

A generalização desses resultados experimentais será considerada na denominada lei de Leandro, estudada no próximo parágrafo.

6. Lei de Leandro Para a Intensidade de Força

A presente lei de Leandro refere-se aos valores instantâneos das intensidades de forças imprimidas em um sistema dinamoscópico. Ela é o que posso chamar por corolário de princípio básico da Física. Essa lei resulta diretamente do princípio de Leandro.

Passarei agora ao enunciado e estudo da referida lei de Leandro. Esse enunciado é formulado nos seguintes termos:

"É nula a soma algébrica das intensidades de forças que imprimem os corpos dinamoscópicos em um nó de um sistema dinamoscópico qualquer".

Simbolicamente, o referido enunciado é expresso por:

$$\Delta F_1 + \Delta F_2 + \Delta F_3 + \ldots + \Delta F_{n-1} + \Delta F_n = 0$$

Onde as letras (ΔF_1, ΔF_2, $\Delta F_3 \ldots \Delta F_n$), são as intensidades de forças que são submetidas para um mesmo nó de um sistema dinamoscópico. Utilizando o símbolo de somatória, a expressão matemática dessa lei se torna:

$$\Sigma_J \, \Delta F_J = 0$$

Com:

$$J = 1, 2, 3\ldots, M_{n-1}, M_n$$

A referida lei de Leandro também pode ser expressa nos seguintes termos:
"A soma das intensidades de força que são impressa a um nó qualquer é igual à soma das intensidades de forças que se distribuem pelo restante do sistema dinamoscópico".

Portanto, para um dado nó, posso então escrever que:

$$\Sigma \Delta F_{\text{imprimida}} = \Sigma \Delta F_{\text{distribuída}}$$

Considerando apenas símbolos, têm-se:

$$\Sigma \Delta F_i = \Sigma \Delta F_d$$

Evidentemente a referida lei significa; ou melhor, suponha que em um nó não ocorra qualquer acúmulo da intensidade de força impressa.

Observe apenas a título de ilustração os esquemas que seguem:

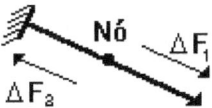

Nesse caso, utilizando a lei de Leandro, resulta que:

$$\Delta F_1 + \Delta F_2 = 0$$

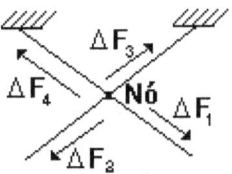

Novamente, empregando a lei de Leandro, resulta que:

$$\Delta F_1 + \Delta F_2 = \Delta F_3 + \Delta F_4$$

Já que ao nó representado são impressos (ΔF_1 e ΔF_2) e distribuída no mesmo (ΔF_3 e ΔF_4).

A interseção dos corpos dinamoscópicos divide o sistema em duas partes.

Nesse enunciado está implícito que as intensidades de forças, que são impressas nos corpos dinamoscópicos, parte antes da interseção do nó são consideradas algebricamente positivas, e as intensidades de forças resultantes nos corpos dinamoscópicos localizados na parte posterior da interseção do nó são algebricamente negativas. Por exemplo, aplicando a lei ao caso da interseção do nó (N) representado na seguinte figura:

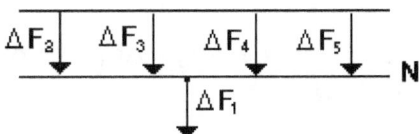

Então, tem-se o seguinte:

$$\Delta F_1 - \Delta F_2 - \Delta F_3 - \Delta F_4 - \Delta F_5 = 0$$

Comparando esse caso com o da figura indicada na parte que versa sobre o princípio de Leandro, verificar-se-á que são idênticas. A equação escrita a pouco pode então ser posta sob a forma:

$$\Delta F_1 - \Delta F_2 + \Delta F_3 + \Delta F_4 + \Delta F_5$$

Que é dada na própria figura indicada, na parte que versa sobre o princípio de Leandro. Esse fato permite uma interpretação simples da lei de Leandro: a soma das intensidades das forças imprimidas nos corpos dinamoscópicos localizados na parte anterior da interseção é igual à soma das intensidades das forças que se distribuem nos corpos dinamoscópicos localizados na parte posterior dessa mesma interseção.

Na seguinte figura tem-se a ilustração de vários casos de aplicação dessa lei de Leandro:

(A) $\Delta F_1 + \Delta F_2 + \Delta F_3 + \Delta F_4 + \Delta F_5 = 0$

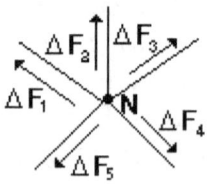

(B) $\Delta F_a - \Delta F_b + \Delta F_c - \Delta F_d + \Delta F_e - \Delta F_f = 0$; ou $-\Delta F_a - \Delta F_c - \Delta F_e = -\Delta F_b - \Delta F_d - \Delta F_f$

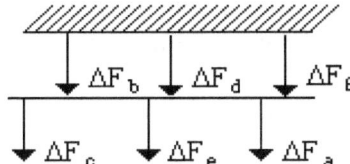

Os sentidos indicados das intensidades de forças são os sentidos de referência. Sempre que se obtiver um valor numérico resultante negativo, isso indicará que o sentido dessa força é oposto ao da referência. Na figura indicada pela letra (A); por exemplo, haverá pelo menos uma intensidade de força negativa, isto é, de sentido oposto ao indicado.

Um aspecto importante relativo à aplicação da lei de Leandro é o referente ao número de equações independentes que podem ser obtidas de sua aplicação a um sistema com (N) nós. Para esclarecer esse ponto, basta simplesmente observar que cada ramo ou lado do sistema dinamoscópico interliga dois nós.

Além disso, cada novo nó que se considera no sistema dinamoscópico com exceção do último nó, inclui novos ramos, não ligados aos nós anteriores. Somente o último nó não inclui ramos novos, pois todos os ramos que se unem nesse último nó partem de nós já considerado anteriormente.

Assim, a equação da lei de Leandro corresponde a cada novo nó considerado, salvo o último nó, contém pelo menos uma intensidade de força de ramo ainda não considerado nos nós anteriores. As (N – 1) equações assim obtidas constituem, pois, um sistema de equações independentes. A equação referente ao último nó considerado no sistema dinamoscópico somente contém intensidades de forças já consideradas anteriormente e, portanto, a relação entre elas está também contida nas equações anteriores, isto é, a equação relativa ao último nó é uma combinação linear das equações relativas aos (N – 1) primeiros nós considerados.

Embora não sendo independente das anteriores, a equação referente ao último nó de um sistema dinamoscópico é útil como elemento de verificação de erro eventual nas (N – 1) equações independentes.

7. Lei de Leandro Para a Variação de Deformação

Em capítulos anteriores, pude provar que a variação da deformação elástica entre dois pontos de um sistema dinamoscópico é igual à diferença de deformação entre esses dois pontos. Ou seja, a variação de deformação é igual ao comprimento total do corpo dinamoscópico pela diferença do comprimento inicial do referido corpo.

Simbolicamente, o referido enunciado é expresso por:

$$\Delta L = L - L_0$$

Se vários corpos dinamoscópicos forem interligados de modo a formarem um sistema completo, ou uma das malhas de uma rede, tem-se então, a seguinte identidade:

$$(L_A - L_B) + (L_B - L_C) + (L_C - ... L_n) + (L_n - L_A) = 0$$

De acordo com o esquema indicado na seguinte figura:

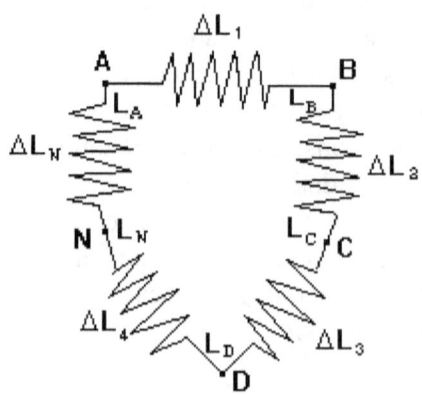

Mas, considerando as deformações resultantes nos vários corpos dinamoscópicos do sistema, tem-se:

$L_A - L_B = \Delta L_1$, deformação no corpo dinamoscópico B_1

$L_B - L_C = \Delta L_2$, deformação no corpo dinamoscópico B_2

$L_N - L_A = \Delta L_K$, deformação no corpo dinamoscópico B_K

Logo, a identidade acima pode ser escrita sob a forma:

$$\Delta L_1 + \Delta L_2 + \Delta L_3 + ... + \Delta L_K = 0$$

Portanto, em um sistema dinamoscópico, ao estudar o sistema todo, encontrar-se-á quedas e elevações de deformação que, no final, se compensam e esse fato importantíssimo, expresso pela última equação a pouco indicada, constitui a lei de Leandro para as variações de deformações. Para enuncia-la mais formalmente, atribuí-se sinais algébricos.

O enunciado da referida lei pode, então, ser o seguinte:

"A soma das variações de deformação entre nós consecutivos numa malha qualquer é nula".

Simbolicamente, o referido enunciado é expresso por:

$$\Sigma_J \Delta L_J = 0$$

Com $J = 1, 2, 3...$

$$\Sigma \Delta L_{\text{ramos}} = 0$$

A utilidade das referidas leis é que, dada uma rede elástica, podem-se determinar as intensidades de força em todos os lados da rede e, em consequência, as outras grandezas que por ventura existe um interesse em determinar.

Com relação à aplicação sistemática das referidas leis, na análise dos sistemas dinamoscópicos, há a observar o seguinte: o número de variáveis independentes é igual ao número de forças de lado e, portanto, igual ao número (l) de lados de um sistema. A determinação dessas incógnitas requer o estabelecimento de um sistema de (l) equações independentes. Tendo o sistema (N) nós, a lei de Leandro para as intensidades de força fornece (n − 1) equações independentes, conforme expliquei no presente capítulo. As demais m = l − (N − 1) equações independentes devem provir da aplicação da lei de Leandro para as variações de deformações. Em outros termos, isto simplesmente significa que o sistema dinamoscópico deve apresentar m = l − (n − 1) malhas independentes para que seja possível uma solução geral e completa do problema baseada unicamente na aplicação das referidas leis.

8. Aplicação das Leis de Leandro

Mostrarei no presente item alguns casos práticos de aplicação das leis estabelecidas por Leandro no capítulo em debate.

Como exemplo, mostrarei um problema comumente encontrado na prática que é o da associação em paralelo de corpos dinamoscópicos, não necessariamente iguais.

Então, observe o esquema indicado na figura seguinte:

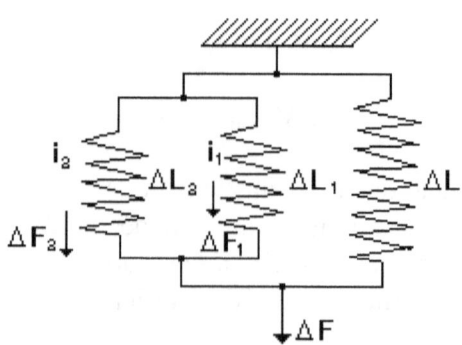

De acordo com a figura, utilizando as leis de Leandro, obtém-se:

a) Nó (A) $\Delta F_1 + \Delta F_2 = \Delta F$

b) malha (1) $-\Delta L_1 + i_1 \cdot \Delta F_1 + \Delta L = 0$

c) malha (2) $-\Delta L_2 + i_2 \cdot \Delta F_2 + \Delta L = 0$

Das equações das malhas vem que:

d) $\Delta F_1 = (\Delta L_1 - \Delta L)/i_1$

e) $\Delta F_2 = (\Delta L_2 - \Delta L)/i_2$

Levando esses valores de (ΔF_1) e (ΔF_2) na equação do nó (A) resulta que:

$$\Delta F = (\Delta L_1 - \Delta L)/i_1 + (\Delta L_2 - \Delta L)/i_2$$

Ou seja:

$$\Delta F = [(\Delta L_1/i_1) + (\Delta L_2/i_2) + (1/i_1) + (1/i_2)] \cdot \Delta L$$

A referida equação dá a intensidade da força (ΔF) imprimida no sistema dinamoscópico em função da variação de deformação (ΔL) existente entre os terminais dos corpos dinamoscópicos associados.

Evidentemente, as leis de Leandro não são de caráter geral. Porém, para uma compreensão geral do problema de associação de corpos dinamoscópicos, passarei a discutir no próximo capítulo as diferentes maneiras de associar corpos dinamoscópicos mostrando as leis que regem cada uma das associações consideradas.

CAPÍTULO V
Associação em Série

1. Introdução

Neste capítulo, a análise dos corpos dinamoscópicos será levada avante considerando as pesquisas relacionadas com as diferentes maneiras de associa-los, procurando mostrar as grandezas dinamoscópicas resultantes nessas associações.

Por inúmeras vezes, tem-se a necessidade de um valor de intensidade elástica maior do que aquela fornecida por um único corpo dinamoscópico; outras vezes, deve-se imprimir em um coro dinamoscópico, uma força de intensidade maior do que aquela que ele normalmente suporta, e que o danificaria de tal forma que poderia ultrapassar os limites das deformações perfeitamente elásticas, causando-lhe deformações permanentes e até mesmo a sua ruptura. Nestes casos, deve-se fazer uma associação de corpos dinamoscópicos.

Em geral, vários corpos dinamoscópicos podem ser ligados de diversos modos, constituindo o que denomina "associação de corpos dinamoscópicos". Basicamente, existem dois modos distintos de associa-los, que são os seguintes:

a - Associação em Série;
b - associação em Paralelo.

Cujas características serão examinadas a seguir.

2. Corpo Dinamoscópico Resultante

Em qualquer associação de corpos dinamoscópicos, denomina-se por corpo dinamoscópico resultante, o corpo dinamoscópico que, poderia realizar individualmente o mesmo que realiza a associação. Entende-se por intensidade elástica resultante da associação, a intensidade elástica do corpo dinamoscópico resultante. Desse modo, o corpo dinamoscópico resultante à associação é aquele que, imprimida pela força da associação, mantém entre os seus terminais uma intensidade elástica resultante igual àquela mantida pela associação.

Portanto, dois corpos dinamoscópicos são resultantes quando apresentam a mesma curva característica. Assim, dada uma associação de corpos dinamoscópicos, denomina-se por corpo dinamoscópico resultante dessa associação o corpo dinamoscópico único, cuja curva característica é igual à da associação.

Conhecendo-se as características de todos os corpos dinamoscópicos de uma associação pode-se facilmente determinar a característica da própria associação.

No caso de uma associação de corpos dinamoscópicos lineares, o corpo dinamoscópico resultante é também um corpo linear e sua intensidade elástica pode ser facilmente determinada em função das intensidades elásticas dos corpos dinamoscópicos que compõem a associação.

3. Características das Associações de Corpos Dinamoscópicos

Conforme já foi visto anteriormente, existem dois tipos básicos de associação de corpos dinamoscópicos:

a - Associação em Série
b - Associação em Paralelo.

Quando a intensidade de força imprimida numa associação de corpos dinamoscópicos é a mesma em cada um dos corpos associados, então, pode-se afirmar que se trata de uma associação em série.

Sempre que os corpos dinamoscópicos de uma associação apresentar a mesma variação de deformação, então se pode afirmar que se trata de uma associação em paralelo.

Com os dados estabelecidos pode-se facilmente reconhecer uma associação desconhecida.

4. Associação em Série

Vários corpos dinamoscópicos estão associados em série, quando são ligado um em seguida do outro, de modo a serem submetidos à ação da mesma intensidade de força imprimida.

Considere três corpos dinamoscópicos, de intensidade elástica caracterizada por (i_1, i_2 e i_3), ligados conforme o esquema focalizado na seguinte figura:

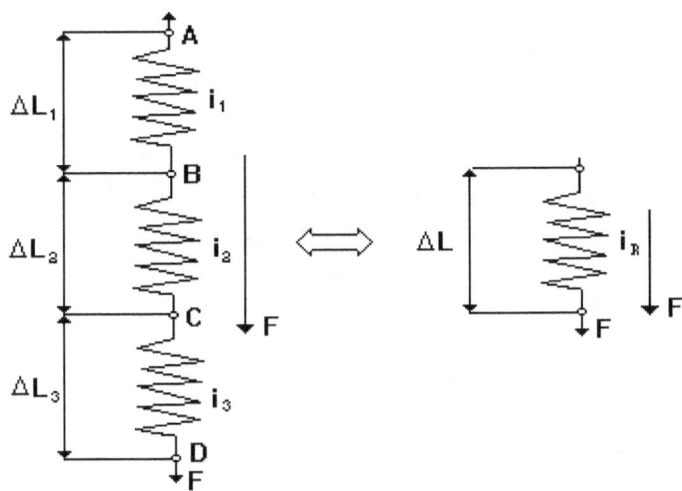

Portanto numa associação em série, os corpos dinamoscópicos são ligados seguidamente, como o esquema indicado na figura anterior, de tal forma que a intensidade de força que imprime um dos corpos dinamoscópicos imprimirá necessariamente os demais componentes da associação. Isto quer dizer que a intensidade de força imprimida em cada um dos corpos dinamoscópicos de uma associação em série é a mesma.

Pode-se verificar experimentalmente que existe uma relação de proporção direta entre a variação da deformação sofrida pelo corpo dinamoscópico e a intensidade da força imprimida.

A referida associação apresenta as seguintes características:

5. Intensidade da Força

Suponha-se que inicialmente seja impressa uma intensidade de força entre os pontos (A e D), ocasionando com que todos os corpos dinamoscópicos da associação sofram a mesma ação da força. Pois a intensidade de força imprimida engloba todos os elementos do ponto A ao ponto (D), não permitindo que a mesma sofra qualquer divisão. Ou seja, todos os corpos dinamoscópicos sofrem a ação da mesma intensidade de força. Evidentemente suponha-se que, pelo fato dos corpos dinamoscópico serem considerados como bipolo, não ocorra neles qualquer perda de força elástica, quando esta lhe é impressa.

Nesse caso cada um dos corpos dinamoscópicos associados indicam uma mesma intensidade de força imprimida. Desse modo pode-se expressar matematicamente que:

$$\Delta F = \Delta F_1 = \Delta F_2 = \Delta F_3$$

Generalizando a referida lei, obtém-se:

$$\Delta F = \Delta F_1 = \Delta F_2 = \Delta F_3 = \ldots = \Delta F_{n-1} = \Delta F_n$$

Pela primeira lei de Leandro, sabe-se que a variação de força imprimida em um corpo dinamoscópico é igual ao quociente da variação de deformação, inversa pela intensidade elástica do referido corpo.

Simbolicamente, o referido enunciado é expresso por:

$$\Delta F = \Delta L/i$$

Portanto, substituindo a presente lei na última, resulta que:

$$\Delta F = \Delta L_1/i_1 = \Delta L_2/i_2 = \Delta L_3/i_3$$

Generalizando essa lei, ela pode ser expressa matematicamente da seguinte maneira:

$$\Delta F = \Delta L_1/i_1 = \Delta L_2/i_2 = \Delta L_3/i_3 = \ldots = \Delta L_{n-1}/i_{n-1} = \Delta L_n/i\ L_n$$

Demonstrei no presente livro que a variação de força é igual ao quociente da variação da deformação inversa pelo coeficiente de deformação linear multiplicado pelo comprimento inicial do corpo dinamoscópico.

O referido enunciado é expresso simbolicamente por:

$$\Delta F = \Delta L/h \ . \ L_0$$

Que substituindo convenientemente na seguinte igualdade, resulta que:

$$\Delta F = \Delta F_1 = \Delta F_2 = \Delta F_3 = \ldots = \Delta F_{n-1} = \Delta F_n$$

$\Delta F = \Delta L_1/h_1 \ . \ L_{01} = \Delta L_2/h_2 \ . \ L_{02} = \Delta L_3/h_3 \ . \ L_{03} = \ldots = \Delta L_{n-1}/h_{n-1} \ . \ L_{0n-1} = \Delta L_n/h_n \ . \ L_{0n}$

No presente estudo, verificou-se que a variação de força é igual ao quociente do produto entre a área da seção transversal de um corpo dinamoscópicos pela variação da deformação resultante no referido corpo, inversa pela característica dinamoscópica multiplicada pelo comprimento inicial do corpo dinamoscópico.

Simbolicamente, o referido enunciado é expresso por:

$$\Delta F = A \cdot \Delta L/\eta \cdot L_0$$

Que substituida convenientemente na penultim leil, resulta que:

$$\Delta F = A_1 \cdot \Delta L_1/\eta_1 \cdot L_{01} = A_2 \cdot \Delta L_2/\eta_2 \cdot L_{02} = A_3 \cdot \Delta L_3/\eta_3 \cdot L_{03} = \ldots$$
$$= A_{n-1} \cdot \Delta L_{n-1}/\eta_{n-1} \cdot L_{0n-1} = A_n \cdot \Delta L_n/\eta_n \cdot L_{0n}$$

Assim completo as leis que regem a intensidade de força de uma associação em série.

6. Variação da Deformação

Para uma associação em série de corpos dinamoscópicos, pode-se escrever que a variação da deformação entre os terminais da associação resultante, (A e D), pode ser tomada como a soma das variações das deformações parciais entre os terminais de cada um dos corpos dinamoscópicos, ou seja:

$$\Delta L \overline{AD} = \Delta L \overline{AB} + \Delta L \overline{BC} + \Delta L \overline{CD}$$

$$\Delta L \overline{AD} = L_D - L_A = (L_B - L_A) + (L_C - L_B) + (L_D - L_C)$$

Aplicando-se a primeira lei de Leandro em cada um dos corpos dinamoscópicos individualmente, tem-se:

$$\Delta L = i \cdot \Delta F$$

a) $L_B - L_A = i_1 \cdot \Delta F$

b) $L_C - L_B = i_2 \cdot \Delta F$

c) $L_D - L_C = i_3 \cdot \Delta F$

"As variações da deformação em cada corpo dinamoscópico de uma associação em série são diretamente proporcionais às respectivas intensidades elásticas".

Substituindo convenientemente obtém-se a seguinte expressão matemática:

$$L_D - L_A = i_1 \cdot \Delta F + i_2 \cdot \Delta F + i_3 \cdot \Delta F$$

Como a intensidade de força imprimida nesses corpos dinamoscópicos são absolutamente iguais e, então é válida a seguinte expressão:

$$L_D - L_A = (i_1 + i_2 + i_3) \cdot \Delta F$$

Ou melhor:

$$\Delta L \overline{AD} = (i_1 + i_2 + i_3) \cdot \Delta F$$

Como no corpo dinamoscópico resultante, a variação da deformação vale a seguinte expressão:

$$\Delta L = i_R \cdot \Delta F$$

Então, escreve-se simplesmente:

$$\Delta L = \Delta L_1 + \Delta L_2 + \Delta L_3$$

Generalizando a referida expressão, obtém-se:

$$\Delta L = \Delta L_1 + \Delta L_2 + \Delta L_3 + ... + \Delta L_{n-1} + \Delta L_n$$

Portanto, conclui-se que a variação da deformação entre os terminais de uma associação em série de corpos dinamoscópicos é igual à soma das variações de deformações de cada um dos corpos dinamoscópicos associados.

Ou seja, a variação da deformação de uma associação em série é igual à somatória das variações de deformações individuais dos corpos dinamoscópicos.

Simbolicamente, o referido enunciado é expresso por:

$$\Delta L_R = \Sigma \Delta L_n$$

No presente parágrafo tenho considerado o comportamento global dos sistemas dinamoscópicos nos quais somente um corpo está presente. Quando vários corpos dinamoscópicos estão presentes em um sistema dinamoscópico, pode-se ainda usar a lei geral das deformações elásticas, porém é preciso ter em conta a presença de diversos corpos dinamoscópicos.

Suponha-se que se tem uma associação em série dos corpos dinamoscópicos (A, B e C) em um sistema. A lei geral das deformações elásticas lineares se aplicará aos corpos dinamoscópicos associados, sempre que se faça:

$$\Delta L = \eta_R \cdot L_{0R} \cdot \Delta F / A_R$$

No qual (ΔL) é a variação de deformação total do sistema e (η_R) é igual a ($\eta_A + \eta_B + \eta_C$). E, (L_{0R}) com (A_R) são, respectivamente, o comprimento inicial do corpo dinamoscópico resultante e a área da seção transversal do mesmo.

Os corpos dinamoscópicos (A, B e C), cada qual contribui para a deformação total do sistema dinamoscópico. Suas contribuições individuais (ΔL_A, ΔL_B e ΔL_C) podem ser obtidas pela lei geral da deformação linear. Então, pode-se dizer que:

a) $\quad \Delta L_A = \eta_A \cdot L_{0A} \cdot \Delta F/A_A$

b) $\quad \Delta L_B = \eta_B \cdot L_{0B} \cdot \Delta F/A_B$

c) $\quad \Delta L_C = \eta_C \cdot L_{0C} \cdot \Delta F/A_C$

Onde (ΔL_A, ΔL_B e ΔL_C) são chamados por variação das deformações parciais dos corpos dinamoscópicos (A, B e C); respectivamente, no sistema dinamoscópico. Sabe-se que em uma associação em série a intensidade da força imprimida no sistema dinamoscópico considerado é igual à intensidade de força que imprime cada um dos corpos dinamoscópicos individual. É evidente que então:

$$\Delta L = \eta_R \cdot L_{0R} \cdot \Delta F/A_R$$

$$\Delta L = (\eta_A \cdot L_{0A}/A_A + \eta_B \cdot L_{0B}/A_B + \eta_C \cdot L_{0C}/A_C) \cdot \Delta F$$

Generalizando a referida expressão, obtém-se:

$$\Delta L = (\eta_1 \cdot L_{01}/A_1 + \eta_2 \cdot L_{02}/A_2 + \eta_3 \cdot L_{03}/A_3 + ... + \eta_{n-1} \cdot L_{0n-1}/A_{n-1} + \eta_n \cdot L_{0n}/A_n) \cdot \Delta F$$

O que novamente permite concluir que:

$$\Delta L = \Delta L_1 + \Delta L_2 + \Delta L_3 + ... + \Delta L_{n-1} + \Delta L_n$$

Esta equação corresponde ao enunciado matemático da lei dos corpos dinamoscópicos parciais de uma associação em série. Oralmente, o enunciado da referida equação é o seguinte:
"A variação da deformação total resultante de uma associação em série, é igual à soma das variações das deforma-

ções parciais dos corpos dinamoscópicos componentes do sistema".

Sabe-se que a variação de deformação de um corpo dinamoscópico é igual ao coeficiente de deformação linear multiplicado pelo comprimento inicial do corpo dinamoscópico, em produto com a variação da intensidade de força imprimida.

Simbolicamente, o referido enunciado é expresso por:

$$\Delta L = h \cdot L_0 \cdot \Delta F$$

Que substituída convenientemente na última equação, resulta que:

$$\Delta L = h_1 \cdot L_{01} \cdot \Delta F + h_2 \cdot L_{02} \cdot \Delta F + h_3 \cdot L_{03} \cdot \Delta F + \ldots + h_{n-1} \cdot L_{0n-1} \cdot \Delta F + h_n \cdot L_{0n} \cdot \Delta F$$

Como mostrei a intensidade de força imprimida em uma associação em série é igual à intensidade de força que imprime individualmente cada um dos corpos associados. Portanto, a última expressão é simplificada para:

$$\Delta L = (h_1 \cdot L_{01} + h_2 \cdot L_{02} + h_3 \cdot L_{03} + \ldots + h_{n-1} \cdot L_{0n-1} + h_n \cdot L_{0n}) \cdot \Delta F$$

E assim, termino a conclusão do presente parágrafo.

7. Intensidade Elástica Resultante

Uma associação de corpos dinamoscópicos pode ser substituída por apenas uma intensidade elástica, chamada "resultante", desde que esta a substitua sem alterar suas demais características. Tratando-se de uma associação em série, o corpo dinamoscópico resultante apresenta intensidade elástica resultante igual à soma das intensidades elásticas dos corpos dinamoscópicos associados. O que pode ser verificado experimentalmente:

$$i_R = i_1 + i_2 + i_3$$

Generalizando a referida expressão, obtém-se:

$$i_R = i_1 + i_2 + i_3 + ... + i_{n-1} + i_n$$

Essa expressão pode ser assim enunciada: "A intensidade elástica resultante de uma associação em série, é igual à soma de suas intensidades elásticas parciais".

Analiticamente, o referido enunciado é expresso por:

$$i_R = \Sigma\, i_n$$

Aonde (i_R) é a intensidade elástica total do sistema e (i_n) é a intensidade elástica do corpo dinamoscópico n na associação considerada.

Entende-se por intensidade elástica parcial de um sistema, a intensidade elástica que o corpo dinamoscópico apresenta isoladamente nas mesmas condições em que se encontrava no sistema dinamoscópico.

Pela primeira lei de Leandro, sabe-se que a intensidade elástica de um corpo dinamoscópico é igual ao quociente da variação da deformação resultante inversa pela variação da intensidade de força imprimida no referido corpo.

Simbolicamente, o referido enunciado é expresso por:

$$i = \Delta L / \Delta F$$

Considerando então um sistema dinamoscópico constituído por uma associação em série, então, pode-se afirmar que a intensidade elástica resultante no referido sistema é igual à soma das intensidades elásticas parciais que compõem o sistema.

O referido enunciado é expresso por:

$$i_R = i_1 + i_2 + i_3 + ... + i_{n-1} + i_n$$

Portanto, substituindo convenientemente a referida expressão na última, resulta que:

$$i_R = \Delta L_1/\Delta F + \Delta L_2/\Delta F + \Delta L_3/\Delta F + ... + \Delta L_{n-1}/\Delta F + \Delta L_n/\Delta F$$

Porém, como se verificou, a intensidade de força imprimida em uma associação em série é igual à intensidade de força que imprime cada um dos corpos dinamoscópicos presente na associação considerada. Logo a última expressão é simplificada para:

$$i_R = (\Delta L_1 + \Delta L_2 + \Delta L_3 + ... + \Delta L_{n-1} + \Delta L_n)/\Delta F$$

Pela segunda lei de Leandro, sabe-se que a intensidade elástica de um corpo dinamoscópico é igual ao produto entre o coeficiente de deformação linear pelo comprimento inicial do corpo dinamoscópico considerado.

Simbolicamente, o referido enunciado é expresso por:

$$i = h \cdot L_0$$

Portanto, substituindo convenientemente na antepenúltima expressão, resulta que:

$$i_R = h_1 \cdot L_{01} + h_2 \cdot L_{02} + h_3 \cdot L_{03} + ... + h_{n-1} \cdot L_{0n-1} + h_n \cdot L_{0n}$$

Finalmente, pela terceira Lei de Leandro, sabe-se que a intensidade elástica de um corpo dinamoscópico é igual ao quociente do produto entre a característica dinamoscópica pelo comprimento inicial do corpo dinamoscópico considerado, inverso pela área da seção transversal.

O referido enunciado é expresso simbolicamente por:

$$i = \eta \cdot L_0/A$$

Sabe-se que a intensidade elástica resultante é igual à soma entre as intensidades elásticas parciais.
Simbolicamente, o referido enunciado é expresso por:

$$i_R = i_1 + i_2 + i_3 + \ldots + i_{n-1} + i_n$$

Logo, substituindo convenientemente as referidas expressões, resulta que:

$$i_R = \eta_1 \cdot L_{01}/A_1 + \eta_2 \cdot L_{02}/A_2 + \eta_3 \cdot L_{03}/A_3 + \ldots + \eta_{n-1} \cdot L_{0n-1}/A_{n-1} + \eta_n \cdot L_{0n}/A_n$$

8. Corpo Dinamoscópico Resultante

Numa associação em série, o corpo dinamoscópico resultante deve ser submetido à ação da mesma intensidade de força imprimida em cada um dos corpos dinamoscópicos que a constituíam, além disso, a variação da deformação entre os terminais do corpo dinamoscópico equivalente deve ser a mesma que existia entre os terminais da associação. Portanto, com relação ao esquema inicial, deve-se ter:

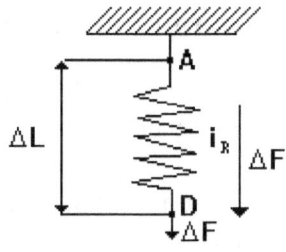

Assim, através da primeira lei de Leandro, pode-se então escrever que:

$$\Delta L \, \overline{DA} = i \cdot \Delta F$$

Ou melhor:

$$L_D - L_A = i \cdot \Delta F$$

Dessa maneira, obtêm-se duas expressões para a variação da deformação ($L_D - L_A$)

I) $\quad L_D - L_A = (i_1 + i_2 + i_3 + ... + i_{n-1} + i_n) \cdot \Delta F$

II) $\quad L_D - L_A = i_R \cdot \Delta F$

Igualando convenientemente essas duas expressões, isso vem a permitir demonstrar que a intensidade elástica resultante é dada pela seguinte expressão:

$$i_R \cdot \Delta F = (i_1 + i_2 + i_3 + ... + i_{n-1} + i_n) \cdot \Delta F$$

Eliminando-se os termos em evidência, obtém-se que:

$$i_R = i_1 + i_2 + i_3 + ... + i_{n-1} + i_n$$

Observa-se que a expressão conseguida demonstra a expressão escrita para a obtenção da intensidade elástica resultante do corpo dinamoscópico resultante, quando se trata de uma associação em série de corpos dinamoscópicos perfeitamente elásticos.

Se por outro lado, numa associação em série de n_r corpos dinamoscópicos iguais, de intensidade elástica i cada um, tem-se:

$$i_1 = i_2 = i_3 = ... = i_{n-1} = i_n$$

Então, tem-se que:

$$i_R = n \cdot i$$

De modo geral, ao considerar uma associação em série de (n) corpos dinamoscópicos, pode-se escrever que:

a) $i_R = \sum^n_{(\Delta F = 1)} i \cdot \Delta F$

b) $\Delta F \rightarrow$ a mesma para todos os corpos dinamoscópicos. O que é característico de associações em série.

9. Coeficiente de Deformação Linear

A demonstração que passarei a apresentar a seguir, destina-se a provar que o coeficiente de deformação linear é igual a soma entre os coeficientes de deformação linear parcial.

Sabe-se que a variação da deformação, resultante entre os terminais de um corpo dinamoscópico resultante é igual ao coeficiente de deformação linear multiplicado pelo comprimento inicial do corpo dinamoscópico resultante em produto com a variação da intensidade de força.

Simbolicamente, o referido enunciado é expresso por:

$$\Delta L \overline{DA} = h \cdot L_0 \cdot \Delta F$$

Dessa forma, obtêm-se duas expressões para a variação da deformação:

a) $\Delta L \overline{DA} = (h_1 + h_2 + h_3 + ... + h_{n-1} + h_n) \cdot L_{0R} \cdot \Delta F$

b) $\Delta L \overline{DA} = h_R \cdot L_{0R} \cdot \Delta F$

Igualando as referidas expressões, obtém-se que:

$$h_R \cdot L_{0R} \cdot \Delta F = (h_1 + h_2 + h_3 + ... + h_{n-1} + h_n) \cdot L_{0R} \cdot \Delta F$$

Eliminando os termos em evidência, resulta que:

$$h_R = h_1 + h_2 + h_3 + ... + h_{n-1} + h_n$$

Portanto, conclui-se que o coeficiente de deformação linear é igual à soma entre os coeficientes de deformação linear dos corpos dinamoscópicos que compõem a associação em série.

Se de outra forma, numa associação em série de (n) corpos dinamoscópicos iguais, de coeficiente de deformação linear (h) cada um, tem-se que:

$$h_1 = h_2 = h_3 = ... = h_{n-1} = h_n$$

$$h_R = n \cdot h$$

Ao generalizar, considere uma associação em série de (n) corpos dinamoscópico de qualquer natureza, pode-se escrever que:

a) $h_R = \Sigma h_n$

b) $\Delta F \rightarrow$ a variação da intensidade de força deve ser a mesma para todos os corpos dinamoscópicos da associação; o que é característico de associações em série.

10. Característica Dinamoscópica

O presente parágrafo destina a provar que a característica dinamoscópica resultante é igual à soma entre as características dinamoscópicas parciais.

Pela lei geral das deformações lineares, sabe-se que a variação da deformação entre os terminais de um corpo dinamoscópico é igual ao quociente do produto entre a característica dinamoscópica pelo comprimento inicial do corpo dinamoscópico, pela intensidade de força imprimida no referido corpo, inversa pela área da seção transversal.

Simbolicamente, o referido enunciado é expresso por:

$$\Delta L \overline{DA} = \eta \cdot L_0 \cdot \Delta F/A$$

Dessa maneira, obtêm-se duas expressões para a variação da deformação:

a) $\Delta L \overline{DA} = (\eta_1 + \eta_2 + \eta_3 + ... + \eta_{n-1} + \eta_n) \cdot L_{0R} \cdot \Delta F/A_R$

b) $\Delta L \overline{DA} = \eta_R \cdot L_{0R} \cdot \Delta F/A_R$

Igualando as referidas expressões, obtém-se que:

$$\eta_R \cdot L_{0R} \cdot \Delta F/A_R = (\eta_1 + \eta_2 + \eta_3 + ... + \eta_{n-1} + \eta_n) \cdot L_{0R} \cdot \Delta F/A_R$$

Eliminando os termos em evidência, resulta que:

$$\eta_R = (\eta_1 + \eta_2 + \eta_3 + ... + \eta_{n-1} + \eta_n)$$

Portanto, conclui-se que a característica dinamoscópica resultante de uma associação em série é igual à soma entre as características dinamoscópicas parciais.

De outro modo, numa associação em série de (n) corpos dinamoscópicos iguais, de características dinamoscópica (η) cada um, tem-se que:

$$\eta_1 = \eta_2 = \eta_3 = ... = \eta_{n-1} = \eta_n$$

Então, obtém-se:

$$\eta_R = n \cdot \eta$$

Ao generalizar, considere uma associação em série de n corpos dinamoscópicos de qualquer natureza, pode-se então expressar que:

a) $\eta_R = \Sigma \eta_n$

b) $\Delta F \rightarrow$ a variação da intensidade de força deve ser a mesma para todos os corpos dinamoscópicos que compõem a associação; o que é característico de associações em série.

CAPÍTULO VI
Associação em Paralelo

1. Introdução

Associação em paralelo é aquela em que todos os corpos dinamoscópicos apresentam a mesma variação de deformação.

Então considere três corpos dinamoscópicos, de intensidade elástica caracterizada por (i_1, i_2 e i_3) ligados conforme o esquema indicado na seguinte figura:

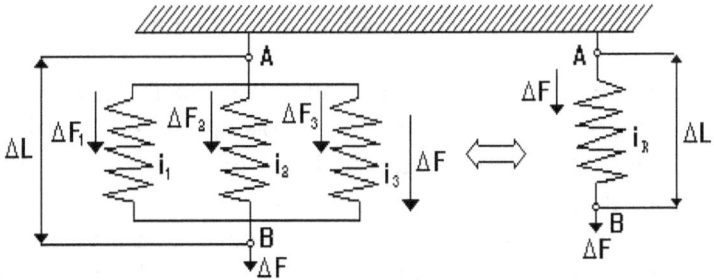

A referida associação apresenta as seguintes características:

2. Intensidade da Força

Suponha-se que inicialmente o sistema dinamoscópico considerado sofra uma variação de deformação entre os terminais (A e B), resultado da aplicação de uma intensidade de força (ΔF), então ocorrerá uma divisão da força de tal modo que cada corpo dinamoscópico sofrerá a ação de uma parcial da força imprimida no referido sistema, inversamente proporcional ao valor de sua intensidade elástica. Evidentemente, a intensidade total da força imprimida (ΔF), nada mais é que a soma das intensidades parciais da força que estão submetidos cada um dos corpos dinamoscópicos associados (existe mais de um ponto de aplicação ligando os pontos A e B).

A intensidade da força (ΔF) do sistema principal divide-se, nos corpos dinamoscópicos associados, em valores (ΔF_1, ΔF_2 e ΔF_3). Com o auxílio de dinamômetros convenientemente dispostos, verifica-se que:

$$\Delta F_R = \Delta F_1 + \Delta F_2 + \Delta F_3$$

Ao generalizar a referida expressão, obtém-se que:

$$\Delta F_R = \Delta F_1 + \Delta F_2 + \Delta F_3 + ... + \Delta F_{n-1} + \Delta F_n$$

Ou seja, a variação da intensidade de força imprimida em uma associação de corpos dinamoscópicos em paralelo, é igual a soma das intensidades de força resultante em cada um dos corpos dinamoscópicos associados.

Pela primeira lei de Leandro, sabe-se que a variação de força imprimida em um corpo dinamoscópico é igual ao quociente da variação da deformação resultante, inversa pela intensidade elástica do corpo dinamoscópico considerado.

O referido enunciado é expresso simbolicamente por:

$$\Delta F = \Delta L / i$$

Que substituindo convenientemente na última expressão, resulta:

$$\Delta F_R = (\Delta L_1/i_1) + (\Delta L_2/i_2) + (\Delta L_3/i_3) + ... + (\Delta L_{n-1}/i_{n-1}) + (\Delta L_n/i_n)$$

No próximo parágrafo vou demonstrar que a variação da deformação em cada um dos dinamoscópicos que compõem uma associação em paralelo é absolutamente igual. Portanto, com relação à última expressão, resulta:

$$\Delta F_R = (1/i_1) + (1/i_2) + (1/i_3) + ... + (1/i_{n-1}) + (1/i_n) \cdot \Delta L$$

No presente livro, demonstrei que a variação da intensidade de força imprimida em um corpo dinamoscópico é igual ao quociente da variação da deformação inversa pelo coeficiente de deformação linear multiplicado pelo comprimento inicial do corpo dinamoscópico considerado.

Simbolicamente, o referido enunciado é expresso por:

$$\Delta F = \Delta L/h \cdot L_0$$

Que substituindo convenientemente na última expressão, resulta:

$$\Delta F_R = \Delta L_1/h_1 \cdot L_{01} + \Delta L_2/h_2 \cdot L_{02} + \Delta L_3/h_3 \cdot L_{03} + ... + \Delta L_{n-1}/h_{n-1} \cdot L_{0n-1} + \Delta L_n/h_n \cdot L_{0n}$$

Sabendo-se que numa associação em paralelo as variações de deformações em cada um dos corpos dinamoscópicos são iguais, então com relação à última fórmula, conclui-se que:

$$\Delta F_R = (1/h_1 \cdot L_{01} + 1/h_2 \cdot L_{02} + 1/h_3 \cdot L_{03} + ... + 1/h_{n-1} \cdot L_{0n-1} + 1/h_n \cdot L_{0n}) \cdot \Delta L$$

Pela lei geral das deformações lineares, sabe-se que a variação da intensidade de força imprimida em um corpo dinamoscópico é igual ao quociente da área da seção transversal multiplicada pela variação da deformação, inversa pela característica dinamoscópica multiplicada pelo comprimento inicial do corpo dinamoscópico considerado.

Simbolicamente, o referido enunciado é expresso por:

$$\Delta F = A \cdot \Delta L/\eta \cdot L_0$$

Substituindo convenientemente a lei que rege a intensidade de força em uma associação em paralelo, conclui-se que:

$$\Delta F_R = A_1 \cdot \Delta L_1/\eta_1 \cdot L_{01} + A_2 \cdot \Delta L_2/\eta_2 \cdot L_{02} + A_3 \cdot \Delta L_3/\eta_3 \cdot L_{03} + \ldots + A_{n-1} \cdot \Delta L_{n-1}/\eta_{n-1} \cdot L_{0n-1} + A_n \cdot \Delta L_n/\eta_n \cdot L_{0n}$$

Sabendo-se que em uma associação em paralela à variação da deformação de cada um dos corpos dinamoscópicos associados são iguais. Então, com relação à última expressão a pouco deduzida, conclui-se que:

$$\Delta F_R = (A_1/\eta_1 \cdot L_{01} + A_2/\eta_2 \cdot L_{02} + A_3/\eta_3 \cdot L_{03} + \ldots + A_{n-1}/\eta_{n-1} \cdot L_{0n-1} + A_n/\eta_n \cdot L_{0n}) \cdot \Delta L$$

Desse modo completo as leis da intensidade de força, que regem um sistema dinamoscópico associado em paralelo.

3. Variação da Deformação

A variação da deformação entre os terminais da associação pontos (A e B) e a mesma variação (ΔL), mantida entre os terminais de cada um dos corpos dinamoscópicos associados, visto que todos eles são ligados exatamente aos mesmos pontos (A e B) e quando submetidos à ação de uma intensidade de força, sofrem conjuntamente as mesmas deformações.

Desse modo, se expressa matematicamente:

$$\Delta L = \Delta L_1 + \Delta L_2 + \Delta L_3$$

Generalizando a referida expressão, obtém-se:

$$\Delta L = \Delta L_1 = \Delta L_2 = \Delta L_3 = ... = \Delta L_{n-1} = \Delta L_n$$

Pela primeira lei de Leandro, sabe-se que a variação da deformação resultante entre os terminais de um corpo dinamoscópico é igual ao produto entre a intensidade elástica pela variação da intensidade de força imprimida no referido corpo.

Simbolicamente, o referido enunciado é expresso por:

$$\Delta L = i \cdot \Delta F$$

Portanto, substituindo convenientemente na última expressão, resulta:

$$\Delta L = i_1 \cdot \Delta F_1 = i_2 \cdot \Delta F_2 = i_3 \cdot \Delta F_3 = ... + i_{n-1} \cdot \Delta F_{n-1} = i_n \cdot \Delta F_n$$

Sabe-se que a variação de deformação de um corpo dinamoscópico é igual ao coeficiente de deformação linear, multiplicado pelo comprimento inicial do corpo dinamoscópico em produto com a variação da intensidade de força.

O referido enunciado é expresso simbolicamente por:

$$\Delta L = h \cdot L_0 \cdot \Delta F$$

Que, substituída convenientemente na lei da variação da deformação, resultante de uma associação em paralelo, resulta:

$$\Delta L = h_1 \cdot L_{01} \cdot \Delta F_1 + h_2 \cdot L_{02} \cdot \Delta F_2 + h_3 \cdot L_{03} \cdot \Delta F_3 + ... + h_{n-1} \cdot L_{0n-1} \cdot \Delta F_{n-1} + h_n \cdot L_{0n} \cdot \Delta F_n$$

Pela lei geral da deformação linear, sabe-se que a variação de deformação entre os terminais de um corpo dinamoscópico é igual ao quociente da característica dinamoscópica multiplicada pelo comprimento inicial do corpo dinamoscópico considerado em produto pela variação da intensidade de força imprimida, inversa pela área da seção transversal do referido corpo.

Simbolicamente, o referido enunciado é expresso por:

$$\Delta L = \eta \cdot L_0 \cdot \Delta F/A$$

Sabe-se que a variação da deformação resultante entre os terminais de uma associação em paralelo é igual à variação da deformação resultante em cada corpo dinamoscópico da associação.

O referido enunciado é expresso por:

$$\Delta L = \Delta L_1 = \Delta L_2 = \Delta L_3 = ... = \Delta L_{n-1} = \Delta L_n$$

Portanto, substituindo convenientemente na última expressão, obtém-se que:

$$\Delta L = \eta_1 \cdot L_{01} \cdot \Delta F_1/A_1 = \eta_2 \cdot L_{02} \cdot \Delta F_2/A_2 = \eta_3 \cdot L_{03} \cdot \Delta F_3/A_3 = ... = \eta_{n-1} L_{0n-1} \cdot \Delta F_{n-1}/A_{n-1} = \eta_n \cdot L_n \cdot \Delta F_n/A_n$$

4. Intensidade Elástica Resultante

Numa associação em paralelo, um corpo dinamoscópico resultante apresenta o inverso de sua intensidade elástica igual à soma dos inversos das intensidades elásticas dos corpos dinamoscópicos associados.

$$1/i_R = 1/i_1 + 1/i_2 + 1/i_3$$

Generalizando a referida lei, obtém-se que:

$$1/i_R = 1/i_1 + 1/i_2 + 1/i_3 + ... + 1/i_{n-1} + 1/i_n$$

5. Corpo Dinamoscópico Resultante

Numa associação em paralelo, o corpo dinamoscópico resultante deve ser impresso pela intensidade total da força ΔF (soma das intensidades de forças parciais imprimida em cada um dos corpos dinamoscópicos associados); além disso, a variação da deformação entre os seus terminais deve obrigatoriamente ser a mesma variação que existia entre os terminais de cada um dos corpos dinamoscópicos associados. Portanto, com relação ao esquema inicial, deve-se obter:

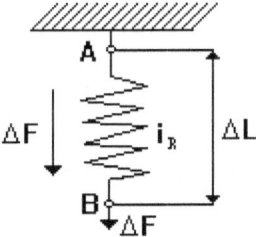

Assim, pode-se então escrever que:

$$\Delta L = L_B - L_A = i_R \cdot \Delta F$$

Desse modo, obtêm-se as seguintes expressões para a variação da deformação:

a) $\Delta L = \Delta L_1 = \Delta L_2 = \Delta L_3 = ... = \Delta L_{n-1} = \Delta L_n$

b) $\Delta L = i_1 \cdot \Delta F_1 = i_2 \cdot \Delta F_2 = i_3 \cdot \Delta F_3 = ... = i_{n-1} \cdot \Delta F_{n-1} = i_n \cdot \Delta F_n$

c) $\Delta L = i_R \cdot \Delta F_R$

Isso permite escrever que de acordo com a variação da deformação (ΔL), no sistema de associação em paralelo:

$\Delta F_1 = \Delta L/i_1$

$\Delta F_2 = \Delta L/i_2$ $\Delta F_R = \Delta L/i_R$

$\Delta F_3 = \Delta L/i_3$

Sabendo-se ainda que a relação entre as intensidades de forças é expressa por:

$$\Delta F_R = \Delta F_1 + \Delta F_2 + \Delta F_3 +... + \Delta F_{n-1} + \Delta F_n$$

Substituindo convenientemente a referida expressão na primeira lei de Leandro, obtém-se:

$$\Delta F_R = \Delta L/i_R = \Delta L_1/i_1 + \Delta L_2/i_2 + \Delta L_3/i_3 +... + \Delta L_{n-1}/i_{n-1} + \Delta L_n/i_n$$

Porém, como se trata de uma associação em paralelo; então a variação da deformação é expressa por:

$$\Delta L = \Delta L_1 = \Delta L_2 = \Delta L_3 =... = \Delta L_{n-1} = \Delta L_n$$

Logo, colocando-as em evidência obtém-se que:

$$\Delta L/i_R = \Delta L \cdot (1/i_1 + 1/i_2 + 1/i_3 +... + 1/i_{n-1} + 1/i_n)$$

Cancelando a variação da deformação nos dois membros da igualdade, obtém-se que:

$$i_R = 1/i_1 + 1/i_2 + 1/i_3 +... + 1/i_{n-1} + 1/i_n$$

Isto permite afirmar que em uma associação de corpos dinamoscópicos em paralelos, o inverso da intensidade elástica da associação é igual à soma dos inversos das intensidades elásticas parciais.

Pode-se observar que o resultado conseguido demonstra a expressão escrita para a obtenção da intensidade elástica resultante de um sistema dinamoscópico, constituído por uma associação em paralelo de corpos dinamoscópicos.

De forma genérica, ao considerar uma associação em paralelo de (n) corpos dinamoscópicos, pode-se escrever que:

a) $\quad F = \Sigma^n_{J=1} F_J$

b) $\quad 1/i = \Sigma^n_{J=1} \cdot 1/i_J$

c) Nesse caso a variação da deformação ΔL e a mesma para todos os corpos dinamoscópicos. O que é característico de uma associação em paralelo.

d) Coeficiente de deformação linear resultante e comprimento inicial. Sabe-se que a relação existente entre as intensidades de força é expressa por:

$$\Delta F_R = \Delta F_1 + \Delta F_2 + \Delta F_3 + ... + \Delta F_{n-1} + \Delta F_n$$

Verificou-se que a variação de força imprimida em um corpo dinamoscópico é igual ao quociente da variação de deformação resultante entre os terminais do referido corpo, inversa pelo coeficiente de deformação linear multiplicado pelo comprimento inicial do corpo dinamoscópico.

Simbolicamente, o referido enunciado é expresso por:

$$\Delta F = \Delta L/h \cdot L_0$$

Que substituindo convenientemente na última expressão, obtém-se:

$\Delta F_R = \Delta L_1/h_1 \cdot L_{01} + \Delta L_2/h_2 \cdot L_{02} + \Delta L_3/h_3 \cdot L_{03} + ... + \Delta L_{n-1}/h_{n-1} \cdot L_{0n-1} + \Delta L_n/h_n \cdot L_{0n}$

Como em uma associação em paralelo as variações de deformações em cada um dos corpos dinamoscópicos associados são absolutamente iguais, então se colocando em evidência, resulta que:

$\Delta F_R = \Delta L \cdot (1/h_1 \cdot L_{01} + 1/h_2 \cdot L_{02} + 1/h_3 \cdot L_{03} + ... + 1/h_{n-1} \cdot L_{0n-1} + 1/h_n \cdot L_{0n})$

Para encontrar um coeficiente de deformação linear associado a um comprimento inicial resultante, deve obedecer à seguinte relação:

$$\Delta F_R = \Delta L_R/h_R \cdot L_0$$

Igualando convenientemente as referidas expressões, obtém-se que:

$\Delta l/h_R \cdot L_0 = \Delta L \cdot (1/h_1 \cdot L_{01} + 1/h_2 \cdot L_{02} + 1/h_3 \cdot L_{03} + ... + 1/h_{n-1} \cdot L_{0n-1} + 1/h_n \cdot L_{0n})$

Cancelando a variação da deformação nos dois membros da igualdade, obtém-se:

$1/h_R \cdot L_0 = 1/h_1 \cdot L_{01} + 1/h_2 \cdot L_{02} + 1/h_3 \cdot L_{03} + ... + 1/h_{n-1} \cdot L_{0n-1} + 1/h_n \cdot L_{0n}$

6. Coeficiente de Deformação Linear Resultante

Sabe-se que a variação da intensidade de força multiplicada pelo comprimento inicial de um corpo dinamoscópico é igual ao quociente da variação da deformação inversa pelo coeficiente de deformação linear.

Simbolicamente, o referido enunciado é expresso por:

$$\Delta F \cdot L_0 = \Delta L/h$$

Verificou-se que a variação da intensidade de força imprimida no sistema dinamoscópico caracterizado por uma deformação em paralelo em produto com o comprimento inicial resultante é igual à soma entre as intensidades de forças parciais multiplicadas respectivamente pelo comprimento inicial de cada um dos corpos dinamoscópicos componente da associação.

O referido enunciado é expresso simbolicamente por:

$$\Delta F_R \cdot L_{0R} = \Delta F_1 \cdot L_{01} + \Delta F_2 \cdot L_{02} + \Delta F_3 \cdot L_{03} + ... + \Delta F_{n-1} \cdot L_{0n-1} + \Delta F_n \cdot L_{0n}$$

Portanto ao substituir convenientemente as referidas expressões, obtém-se que:

$$\Delta F_R \cdot L_{0R} = \Delta L_1/h_1 + \Delta L_2/h_2 + \Delta L_3/h_3 + ... + \Delta L_{n-1}/h_{n-1} + \Delta L_n/h_n$$

Como em uma associação em paralelo a variação da deformação em cada um dos corpos dinamoscópicos é igual, então se conclui:

$$\Delta F_R \cdot L_{0R} = \Delta L \cdot (1/h_1 + 1/h_2 + 1/h_3 + ... + 1/h_{n-1} + 1/h_n)$$

Em um corpo dinamoscópico resultante, a variação da intensidade de força resultante multiplicada pelo comprimento inicial resultante é igual ao quociente da variação da deformação inversa pelo coeficiente de deformação linear resultante.

Simbolicamente, o referido enunciado é expresso por:

$$\Delta F_R \cdot L_{0R} = \Delta L/h_R$$

Igualando convenientemente as referidas expressões, obtém-se que:

$$\Delta L/h_R = \Delta L \cdot (1/h_1 + 1/h_2 + 1/h_3 + \ldots + 1/h_{n-1} + 1/h_n)$$

Cancelando a variação de deformação nos dois membros da igualdade, obtém-se:

$$1/h_R = 1/h_1 + 1/h_2 + 1/h_3 + \ldots + 1/h_{n-1} + 1/h_n$$

Assim, tem-se a demonstração da lei que rege o comportamento do coeficiente de deformação linear resultante de um sistema dinamoscópico associado em paralelo.

7. Característica Dinamoscópica Resultante

Sabe-se que a variação da intensidade de força imprimida em um corpo dinamoscópico multiplicada pelo comprimento inicial do referido corpo inverso pela área da seção transversal do mesmo é igual ao quociente da variação da deformação, inversa pela característica dinamoscópica.

Simbolicamente, o referido enunciado é expresso por:

$$\Delta F \cdot L_0/A = \Delta L/\eta$$

Sabe-se que a variação da intensidade de força resultante multiplicada pelo comprimento inicial resultante inversa pela área da seção transversal é igual a soma da intensidade de força parcial multiplicada pelo comprimento inicial individual inversa pela área da seção transversal entre os corpos dinamoscópicos que compõem a associação.

Simbolicamente, o referido enunciado é expresso por:

$$\Delta F_R \cdot L_{0R}/A_R = \Delta F_1 \cdot L_{01}/A_1 + \Delta F_2 \cdot L_{02}/A_2 + \Delta F_3 \cdot L_{03}/A_3 + ... + \Delta F_{n-1} \cdot L_{0n-1}/A_{n-1} + \Delta F_n \cdot L_n/A_n$$

Portanto ao substituir convenientemente as referidas expressões, obtém-se que:

$$\Delta F_R \cdot L_{0R}/A_R = \Delta L_1/\eta_1 + \Delta L_2/\eta_2 + \Delta L_3/\eta_3 + ... + \Delta L_{n-1}/\eta_{n-1} + \Delta L_n/\eta_n$$

Como em uma associação em paralelo as variações da deformação em cada um dos corpos dinamoscópicos são absolutamente iguais; então vem que:

$$\Delta F_R \cdot L_{0R}/A_R = \Delta L \cdot (1/\eta_1 + 1/\eta_2 + 1/\eta_3 + ... + 1/\eta_{n-1} + 1/\eta_n)$$

Como em um corpo dinamoscópico resultante, a variação da intensidade de força resultante multiplicada pelo comprimento inicial resultante, inversa pela área da seção transversal resultante é igual ao quociente da variação da deformação inversa pela característica dinamoscópica resultante.

O referido enunciado é expresso simbolicamente por:

$$\Delta F_R \cdot L_{0R}/A_R = \Delta L/\eta_R$$

Igualando as referidas expressões, resulta que:

$$\Delta L/\eta_R = \Delta L \cdot (1/\eta_1 + 1/\eta_2 + 1/\eta_3 + ... + 1/\eta_{n-1} + 1/\eta_n)$$

Cancelando a variação de deformação nos dois membros da igualdade, obtém-se que:

$$1/\eta_R = 1/\eta_1 + 1/\eta_2 + 1/\eta_3 + ... + 1/\eta_{n-1} + 1/\eta_n$$

Desse modo, encerro a demonstração da lei que rege o comportamento da característica dinamoscópica resultante de um sistema dinamoscópico associado em paralelo.

CAPÍTULO VII
Associação Composta

1. Introdução

No presente capítulo vou apenas enunciar uma propriedade comum para os sistemas dinamoscópicos de associação em série e de associação em paralelo, chamada por associação composta ou associação mista.

Essa propriedade bastante evidente é enunciada nos seguintes termos:

"A ordem que se encontra os corpos dinamoscópicos numa associação não altera as grandezas dinamoscópicas resultantes".

Creio que não há a necessidade de comentários, pois a referida propriedade é evidente por si mesma.

2. Observação

Para uma associação de dois corpos dinamoscópicos quaisquer em paralelo, pode-se utilizar uma expressão mais elementar quando se pretende determinar o valor da intensidade elástica do corpo dinamoscópico a ela resultante.

Nesse caso particular de apenas dois corpos dinamoscópicos estarem associados em paralelo, a intensidade elástica resultante é expressa por:

$$1/i_R = 1/i_1 + 1/i_2$$

Portanto resulta que:

$$1/i_R = i_1 + i_2/i_1 \cdot i_2$$

Isto implica que:

$$i_R = i_1 \cdot i_2/i_1 + i_2$$

A referida expressão é denominada na matemática por "regra do produto pela soma".

Para uma associação de três ou mais corpos dinamoscópicos quaisquer associado em paralelo, a mesma regra pode ainda ser aplicada; entretanto, devem agora ser aplicadas sucessivamente tantas vezes quantas necessárias for. Tome-se como exemplo o caso de três corpos dinamoscópicos associados em paralelo:

a) Primeira aplicação

$$i' = i_1 \cdot i_2/i_1 + i_2$$

Finalmente, reaplicando a regra, obtém-se:

b) Segunda aplicação

$$i_R = i_3 \cdot i'/i_3 + i'$$

O valor de (i_R) fornece a intensidade elástica resultante do corpo dinamoscópico resultante, para uma associação em paralelo de três corpos dinamoscópicos quaisquer.

Ou então empregar novamente a dedução de uma nova fórmula, como a indicada na seguinte demonstração para três corpos dinamoscópicos associados em paralelo.

$$1/i_R = 1/i_1 + 1/i_2 + 1/i_3$$

Portanto resulta que:

$$1/i_R = i_2 \cdot i_3 + i_1 \cdot i_3 + i_1 \cdot i_2/i_1 \cdot i_2 \cdot i_3$$

Isto implica que:

$$i_R = i_1 \cdot i_2 \cdot i_3/i_2 \cdot i_3 + i_1 \cdot i_3 + i_1 \cdot i_2$$

Para uma associação em paralelo de quatro corpos dinamoscópicos, obtém-se:

$$1/i_R = 1/i_1 + 1/i_2 + 1/i_3 + 1/i_4$$

Portanto resulta que:

$$1/i_R = i_2 \cdot i_3 \cdot i_4 + i_1 \cdot i_3 \cdot i_4 + i_1 \cdot i_2 \cdot i_4 + i_1 \cdot i_2 \cdot i_3/i_1 \cdot i_2 \cdot i_3 \cdot i_4$$

Isto implica que:

$$i_R = i_1 \cdot i_2 \cdot i_3 \cdot i_4/i_2 \cdot i_3 \cdot i_4 + i_1 \cdot i_3 \cdot i_4 + i_1 \cdot i_2 \cdot i_4 + i_1 \cdot i_2 \cdot i_3$$

Para uma associação em paralelo de cinco corpos dinamoscópicos, obtém-se:

$$1/i_R = 1/i_1 + 1/i_2 + 1/i_3 + 1/i_4 + 1/i_5$$

Portanto resulta que:

$$1/i_R = i_2 \cdot i_3 \cdot i_4 \cdot i_5 + i_1 \cdot i_3 \cdot i_4 \cdot i_5 + i_1 \cdot i_2 \cdot i_4 \cdot i_5 + i_1 \cdot i_2 \cdot i_3 \cdot i_5 + i_1 \cdot i_2 \cdot i_3 \cdot i_4/i_1 \cdot i_2 \cdot i_3 \cdot i_4 \cdot i_5$$

Logo, conclui-se que:

$$i_R = i_1 \cdot i_2 \cdot i_3 \cdot i_4 \cdot i_5/i_2 \cdot i_3 \cdot i_4 \cdot i_5 + i_1 \cdot i_3 \cdot i_4 \cdot i_5 + i_1 \cdot i_2 \cdot i_4 \cdot i_5 + i_1 \cdot i_2 \cdot i_3 \cdot i_5 + i_1 \cdot i_2 \cdot i_3 \cdot i_4$$

Ao generalizar as referidas fórmulas, obtém-se:

Uma intensidade elástica genérica caracterizada por:

$$i_G = i_1 \cdot i_2 \cdot i_3 \ldots i_{n-1} + i_n$$

Portanto, o produto entre todas as intensidades elásticas que compõem uma associação em paralelo caracteriza a intensidade elástica genérica.

Com um estudo estatístico das fórmulas anteriores e o emprego da intensidade elástica genérica, obtém-se a seguinte expressão:

$$i_R = i_G/i_G \cdot i^{-1}_1 + i_G \cdot i^{-1}_2 + i_G \cdot i^{-1}_3 + \ldots + i_G \cdot i^{-1}_{n-1} + i_G \cdot i^{-1}_n$$

A referida expressão traduz a lei de Leandro para a intensidade elástica resultante numa associação de corpos dinamoscópicos em paralelo.

Quando se tem uma associação em paralelo de (n) corpos dinamoscópicos associados, de intensidades elásticas absolutamente iguais; então a intensidade elástica da associação é dada pela seguinte fórmula:

$$i_R = i^n/n \cdot i^{n-1}$$

Aonde a letra (i_R), representa a intensidade elástica resultante; a letra (i), representa a intensidade elástica de cada um dos corpos dinamoscópicos e a letra (n), representa o número de corpos dinamoscópicos associados em paralelo.

Esse resultado pode ser simplificado; para isso, considere novamente uma associação de (n) corpos dinamoscópicos de intensidade elásticas iguais associadas em paralelo; então, obtém-se em cada um:

$$i_R = i_1 = i_2 = i_3 = \ldots = i_{n-1} = i_n$$

Então vem que:

$$1/i_R = 1/i_1 + 1/i_2 + 1/i_3 + \ldots + 1/i_{n-1} + 1/i_n$$

Portanto, conclui-se que:

$$1/i_R = n/i$$

Logo vem que:

$$i_R = i/n$$

Desse modo a intensidade elástica resultante de uma associação em paralelo de corpos dinamoscópicos de intensidades elásticas iguais é igual ao quociente da intensidade elástica parcial de um dos corpos que compõem a associação, inversa pelo número de corpos presentes na referida associação. As referidas expressões são também válidas para a característica dinamoscópica e coeficiente de deformação linear.

3. Associação Mista de Corpos Dinamoscópicos

Vários corpos dinamoscópicos podem ser associados entre si de forma a constituir um novo corpo dinamoscópico (resultante). As associações simples de corpos dinamoscópicos são de duas modalidades:

a - Associação em Série
b - Associação em Paralelo

Combinando-se esses dois tipos obtêm-se associações mais complexas denominadas por "associações mistas".

Portanto, as associações mistas de corpos dinamoscópicos contêm associações em paralelo e associações em série de corpos dinamoscópicos. Qualquer associação mista pode ser substituída por um único corpo dinamoscópico (resultante), que se obtém, considerando-se que cada associação parcial equivale a apenas a um corpo dinamoscópico, simplificando aos poucos o esquema desenhado da associação.

Ou melhor, como uma associação, tanto em série quanto em paralelo, de corpos dinamoscópicos quaisquer se comportam exatamente como se fosse um único corpo dinamoscópico (resultante), então me parece evidente a possibilidade de associar, entre si, os diferentes modelos de associações de corpos dinamoscópicos. Dessa maneira são constituídas as denominadas associações mistas de corpos dinamoscópicos.

Para resolver os problemas de cálculo da intensidade elástica resultante dos corpos dinamoscópicos de uma associação mista, existe um método muito elementar; genericamente, basta efetuar a substituição parcelada das associações simples existente, por corpos dinamoscópicos resultantes parciais, até que finalmente toda associação fique reduzida a um único corpo dinamoscópico resultante. Observando as seguintes regras não há o que errar:

a - De início deve-se realizar a somatória de todas as intensidades elásticas dos corpos dinamoscópicos que compõem a associação mista, em série;

b - Feito isto, constrói-se a associação mista, substituindo os corpos dinamoscópicos em série por um único resultante; naturalmente devem ser substituído no mesmo ramo.

c - A seguir, colocam-se letras em "nós" e em "terminais" da associação. Os "nós" são os pontos onde a intensidade de força se divide; e "terminais", são os pontos entre os quais se deseja a intensidade elástica resultante. Aplicando-se as leis das associações em série e em paralelo. E assim, aos poucos se vai simplificando o desenho inicial, sempre resolvendo as associações, cujos corpos dinamoscópicos se têm certeza estarem em série; isto é, um depois do outro sem ramificações, ou em paralelo; ou seja, ligados aos mesmos pontos.

d - Na mudança, não pode desaparecer do esquema indicado no desenho os terminais da associação. A intensidade elástica resultante só será obtida, quando no desenho existir apenas um único corpo dinamoscópico, que denominei por "resultante".

Para simplificar o que foi dito, passarei a desenhar alguns exemplos de como é representado em um esquema uma associação mista:

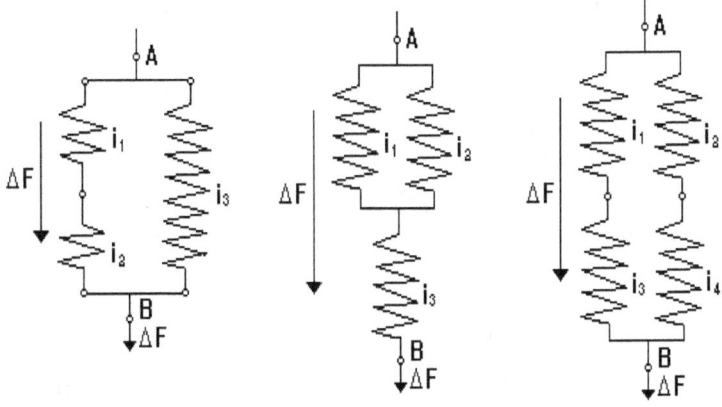

E uma série de exemplos semelhantes aos indicados nos esquemas das figuras anteriores.

4. Equação da Intensidade de Força Resultante

O conjunto de corpos dinamoscópicos associados constitui um sistema, que age como se fosse um único corpo dinamoscópico (resultante).

Pode-se verificar que a intensidade de força resultante em qualquer uma das associações seja ela em série, em paralelo ou misto, é igual ao quociente da variação da deformação resultante no sistema, inverso pela intensidade elástica resultante.

O referido enunciado é expresso simbolicamente por:

$$\Delta F_R = \Delta L_R / i_R$$

Isto vem a mostrar que um corpo dinamoscópico resultante comporta-se igualmente a um corpo dinamoscópico parcial.

5. Quantidade Elástica de Uma Associação em Série

Pelo presente livro pude demonstrar que a quantidade elástica de um corpo dinamoscópico é igual ao produto entre a variação da deformação pela variação da intensidade de força elástica que aparece no corpo dinamoscópico.

Simbolicamente, o referido enunciado é expresso por:

$$Q = \Delta F \cdot \Delta L$$

Então, considerando uma associação de (η) corpos dinamoscópicos em série; conclui-se que a quantidade elástica resultante da referida associação é igual à soma entre as quantidades elásticas parciais.

O referido enunciado é expresso simbolicamente por:

$$Q_R = Q_1 + Q_2 + Q_3 + \ldots + Q_{n-1} + Q_n$$

Substituindo convenientemente as referidas expressões, resulta que:

$$Q_R = \Delta L_1 \cdot \Delta F_1 + \Delta L_2 \cdot \Delta F_2 + \Delta L_3 \cdot \Delta F_3 + \ldots + \Delta L_{n-1} \cdot \Delta F_{n-1} + \Delta L_n \cdot \Delta F_n$$

Porém, sabe-se que em uma associação em série, a intensidade de força imprimida é igual à intensidade que imprime cada um dos corpos dinamoscópicos, componentes da referida associação.

O que acabei de afirmar é expresso simbolicamente por:

$$\Delta F_R = \Delta F_1 = \Delta F_2 = \Delta F_3 = ... = \Delta F_{n-1} = \Delta F_n$$

Portanto colocando a intensidade de força em evidência, resulta que:

$$Q_R = \Delta F \cdot (\Delta L_1 + \Delta L_2 + \Delta L_3 + ... + \Delta L_{n-1} + \Delta L_n)$$

Sabe-se que a quantidade elástica resultante em um corpo dinamoscópico é igual ao coeficiente de deformação linear multiplicado pelo comprimento inicial do corpo dinamoscópico em produto com o quadrado da intensidade da força elástica.

Simbolicamente, o referido enunciado é expresso por:

$$Q = h \cdot L_0 \cdot \Delta F^2$$

Portanto, numa associação em série, resulta que:

$$Q_R = h_1 \cdot L_{01} \cdot \Delta F^2_1 + h_2 \cdot L_{02} \cdot \Delta F^2_2 + h_3 \cdot L_{03} \cdot \Delta F^2_3 + ... + h_{n-1} \cdot L_{0n-1} \cdot \Delta F^2_{n-1} + h_n \cdot L_{0n} \cdot \Delta F^2_n$$

Como a intensidade de força em cada corpo dinamoscópico são absolutamente iguais, então resulta que:

$$Q_R = \Delta F^2 \cdot (h_1 \cdot L_{01} + h_2 \cdot L_{02} + h_3 \cdot L_{03} + ... + h_{n-1} \cdot L_{0n-1} + h_n \cdot L_n)$$

Verificou-se que a quantidade elástica de um corpo dinamoscópico é igual ao quociente da característica dinamoscópica multiplicada pelo comprimento inicial do corpo dinamoscópico em produto pelo quadrado da intensidade de força imprimida, inversa pela área da seção transversal.

O referido enunciado é expresso simbolicamente por:

$$Q = \eta \cdot L_0 \cdot \Delta F^2 / A$$

Substituindo convenientemente, a referida expressão numa associação em série, resulta que:

$$Q_R = \eta_1 \cdot L_{01} \cdot \Delta F^2_1/A_1 + \eta_2 \cdot L_{02} \cdot \Delta F^2_2/A_2 + \eta_3 \cdot L_{03} \cdot \Delta F^2_3/A_3 + ... + \eta_{n-1} \cdot L_{0n-1} \cdot \Delta F^2_{n-1}/A_{n-1} + \eta_n \cdot L_{0n} \cdot \Delta F^2_n/A_n$$

Como a intensidade de força em cada um dos corpos dinamoscópicos que compõem uma associação em série, são absolutamente iguais, então se conclui que:

$$Q_R = (\eta_1 \cdot L_{01}/A_1 + \eta_2 \cdot L_{02}/A_2 + \eta_3 \cdot L_{03}/A_3 + ... + \eta_{n-1} \cdot L_{0n-1}/A_{n-1} + \eta_n \cdot L_n/A_n) \cdot \Delta F^2$$

Demonstrei que a quantidade elástica resultante em um corpo dinamoscópico é igual ao produto entre a intensidade elástica pelo quadrado da intensidade de força imprimida.

Simbolicamente, o referido enunciado é expresso por:

$$Q = i \cdot \Delta F^2$$

Sabendo-se que a quantidade elástica resultante em uma associação em série é igual à soma entre as quantidades elásticas particulares, que compõem cada um dos corpos dinamoscópicos; então, substituindo convenientemente a última expressão do presente parágrafo, resulta que:

$$Q_R = (i_1 \cdot \Delta F^2_1 + i_2 \cdot \Delta F^2_2 + i_3 \cdot \Delta F^2_3 + ... + i_{n-1} \cdot \Delta F^2_{n-1} + i_n \cdot \Delta F^2_n)$$

Sabendo-se que a intensidade de força que imprime cada um dos corpos dinamoscópicos de uma associação em série, são absolutamente iguais, então se conclui que:

$$Q_R = \Delta F^2{}_1 \cdot (i_1 + i_2 + i_3 + ... + i_{n-1} + i_n)$$

Quando propus os postulados básicos da Elasticimetria, pude demonstras que a quantidade elástica é igual ao quociente do quadrado da variação de deformação, inversa pela intensidade elástica do corpo dinamoscópico.

Simbolicamente, o referido enunciado é expresso por:

$$Q = \Delta L^2/i$$

No presente item verificou-se que a quantidade elástica resultante é igual à soma entre as quantidades elásticas parciais que compõem a associação em série.

Simbolicamente, o referido enunciado é expresso por:

$$Q_R = Q_1 + Q_2 + Q_3 + ... + Q_{n-1} + Q_n$$

Substituindo as referidas expressões, obtém-se que:

$$Q_R = \Delta L^2{}_1/i_1 + \Delta L^2{}_2/i_2 + \Delta L^2{}_3/i_3 + ... + \Delta L^2{}_{n-1}/i_{n-1} + \Delta L^2{}_n/i_n$$

A quantidade elástica de um corpo dinamoscópico é igual ao quociente da variação da deformação elevada à segunda potência, inversa pelo coeficiente da deformação linear multiplicado pelo comprimento inicial do corpo dinamoscópico.

Simbolicamente, o referido enunciado é expresso por:

$$Q = \Delta L/h \cdot L_0$$

Portanto, substituído convenientemente na lei básica da quantidade elástica resultante em um sistema dinamoscópico de associação em série, resulta que:

$Q_R = \Delta L_1/h_1 \cdot L_{01} + \Delta L_2/h_2 \cdot L_{02} + \Delta L_3/h_3 \cdot L_{03} + ... + \Delta L_{n-1}/h_{n-1} \cdot L_{0n-1} + \Delta L_n/h_n \cdot L_{0n}$

A quantidade elástica é igual a uma constante de proporção, multiplicada pelo comprimento inicial do corpo dinamoscópico em produto com o quadrado da variação da intensidade de força inversa pela variação da deformação.

O referido enunciado é expresso simbolicamente por:

$$Q = K \cdot L_0 \cdot \Delta F^2/\Delta L$$

Substituindo convenientemente a referida expressão na lei básica da quantidade elástica resultante de uma associação em série, conclui-se que:

$Q_R = K_1 \cdot L_{01} \cdot \Delta F^2_1/\Delta L_1 + K_2 \cdot L_{02} \cdot \Delta F^2_2/\Delta L_2 + K_3 \cdot L_{03} \cdot \Delta F^2_3/\Delta L_3 + ... + K_{n-1} \cdot L_{0n-1} \cdot \Delta F^2_{n-1}/\Delta L_{n-1} + K_n \cdot L_{0n} \cdot \Delta F^2_n/\Delta L_n$

Sabendo-se que em uma associação em série, a intensidade de força imprimida no sistema é igual à intensidade de força que imprime cada um dos corpos dinamoscópicos que compõem a associação, então se chega à seguinte conclusão:

$Q_R = \Delta F^2 \cdot (K_1 \cdot L_{01}/\Delta L_1 + K_2 \cdot L_{02}/\Delta L_2 + K_3 \cdot L_{03}/\Delta L_3 + ... + K_{n-1} \cdot L_{0n-1}/\Delta L_{n-1} + K_n \cdot L_{0n}/\Delta L_n)$

Demonstrei que a quantidade elástica de um corpo dinamoscópico é igual ao quociente de uma constante de proporção multiplicada pelo comprimento inicial do corpo dinamoscópico em produto com a variação da intensidade de força, inversa pela intensidade elástica do corpo dinamoscópico considerado.

Simbolicamente, o referido enunciado é expresso por:

$$Q = K \cdot L_0 \cdot \Delta F/i$$

Substituindo convenientemente a referida expressão na lei básica da quantidade elástica resultante de uma associação em série, conclui-se que:

$$Q_R = K_1 \cdot L_{01} \cdot \Delta F_1/i_1 + K_2 \cdot L_{02} \cdot \Delta F_2/i_2 + K_3 \cdot L_{03} \cdot \Delta F_3/i_3 +... + K_{n-1} \cdot L_{0n-1} \cdot \Delta F_{n-1}/i_{n-1} + K_n \cdot L_{0n} \cdot \Delta F_n/i_n$$

Sabendo-se que em uma associação em série, a intensidade de força imprimida em cada um dos corpos dinamoscópicos são absolutamente iguais, então se conclui que:

$$Q_R = \Delta F \cdot (K_1 \cdot L_{01}/i_1 + K_2 \cdot L_{02}/i_2 + K_3 \cdot L_{03}/i_3 +... + K_{n-1} \cdot L_{0n-1}/i_{n-1} + K_n \cdot L_{0n}/i_n)$$

Portanto, ao generalizar a lei básica da quantidade elástica de um sistema dinamoscópico associado em série; pode-se afirmar que:

"A somatória da quantidade elástica de cada um dos corpos dinamoscópicos associados é igual à quantidade elástica resultante no sistema considerado".

Simbolicamente, o referido enunciado é expresso por:

$$Q_R = \Sigma Q_n$$

6. Lei Básica da Energia Elástica Resultante de uma Associação em Série

Em capítulos anteriores demonstrei que a energia elástica de um corpo dinamoscópico é igual à metade da quantidade elástica do corpo dinamoscópico considerado.

Simbolicamente, o referido enunciado é expresso por:

$$E = Q/2$$

Sabendo-se que a quantidade elástica resultante em uma associação em série é igual à quantidade elástica parciais dos corpos dinamoscópicos que compõem a associação.

Simbolicamente, o referido enunciado é expresso por:

$$Q_R = Q_1 + Q + Q_3 + ... + Q_{n-1} + Q_n$$

Substituindo convenientemente as referidas expressões, obtém-se:

$$Q_R = E_1 . 2 + E_2 . 2 + E_3 . 2 + ... + E_{n-1} . 2 + E_n . 2$$

Isolando a constante de índice "dois" obtém-se:

$$Q_R = 2 . (E_1 + E_2 + E_3 + ... + E_{n-1} + E_n)$$

Considerando a quantidade elástica resultante de um corpo dinamoscópico resultante, conclui-se que:

$$Q_R = E_R . 2$$

Portanto, igualando convenientemente as referidas expressões, obtém-se que:

$$E_R . 2 = 2 . (E_1 + E_2 + E_3 + ... + E_{n-1} + E_n)$$

Eliminando os termos em evidência, resulta que:

$$E_R = E_1 + E_2 + E_3 + ... + E_{n-1} + E_n$$

Logo, pode-se afirmar que a energia elástica resultante de um sistema dinamoscópico associado em série é igual à soma das energias elásticas parciais dos corpos dinamoscópicos que compõem a referida associação.

7. Quantidade Elástica Resultante de uma Associação em Paralelo

Considerando um corpo dinamoscópico resultante, pode-se afirmar que a quantidade elástica resultante é igual à variação da intensidade de força resultante multiplicada pela variação da deformação resultante.

Simbolicamente, o referido enunciado é expresso por:

$$Q_R = \Delta F_R \cdot \Delta L_R$$

Em uma associação em paralelo a variação da intensidade de força resultante é igual à soma entre as variações da intensidade de força que imprime cada corpo dinamoscópico da associação.

O referido enunciado é expresso por:

$$\Delta F_R = \Delta F_1 + \Delta F_2 + \Delta F_3 + \ldots + \Delta F_{n-1} + \Delta F_n$$

Portanto, substituindo convenientemente as referidas expressões, obtém-se que:

$$Q_R = (\Delta F_1 + \Delta F_2 + \Delta F_3 + \ldots + \Delta F_{n-1} + \Delta F_n) \cdot \Delta F_R$$

Aplicando a propriedade distributiva, resulta que:

$$Q_R = (\Delta F_1 \cdot \Delta L_R + \Delta F_2 \cdot \Delta L_R + \Delta F_3 \cdot \Delta L_R + \ldots + \Delta F_{n-1} \cdot \Delta L_R + \Delta F_n \cdot \Delta L_R)$$

Sabendo-se que em uma associação em paralelo a variação da deformação resultante é igual às variações de deformações em cada um dos corpos dinamoscópicos associado.

Simbolicamente, o referido enunciado é expresso por:

$$\Delta L_R = \Delta L_1 + \Delta L_2 + \Delta L_3 + ... + \Delta L_{n-1} + \Delta L_n$$

Então se conclui que:

$$Q_R = \Delta L \cdot (\Delta F_1 + \Delta F_2 + \Delta F_3 + ... + \Delta F_{n-1} + \Delta F_n)$$

A referida expressão representa uma das leis da quantidade elástica resultante em um sistema dinamoscópico associado em paralelo.

Aplicando a propriedade distributiva na última expressão, resulta que:

$$Q_R = \Delta F_1 \cdot \Delta L_1 + \Delta F_2 \cdot \Delta L_2 + \Delta F_3 \cdot \Delta L_3 + ... + \Delta F_{n-1} \cdot \Delta L_{n-1} + \Delta F_n \cdot \Delta L_n$$

Sabendo-se que a quantidade elástica de um corpo dinamoscópico é igual à variação da intensidade de força imprimida multiplicada pela variação da deformação.

Simbolicamente, o referido enunciado é expresso por:

$$Q = \Delta F \cdot \Delta L$$

Portanto, substituindo convenientemente na última expressão, resulta que:

$$Q_R = Q_1 + Q + Q_3 + ... + Q_{n-1} + Q_n$$

Logo a quantidade elástica resultante de um sistema dinamoscópico associado em paralelo é igual à soma entre as quantidades elásticas parciais de cada um dos corpos dinamoscópicos que compõem o sistema considerado.

Em capítulos anteriores verificou-se que a quantidade elástica de um corpo dinamoscópico é igual ao quociente do quadrado da variação da deformação inversa pela intensidade elástica do referido corpo.

O referido enunciado é expresso simbolicamente por:

$$Q = \Delta L^2/i$$

Que substituindo convenientemente na última expressão, resulta:

$$Q_R = \Delta L^2/i_1 + \Delta L^2/i_2 + \Delta L^2/i_3 + ... + \Delta L^2/i_{n-1} + \Delta L^2/i_n$$

Porém, como numa associação em paralelo, a variação da deformação em cada um dos corpos dinamoscópicos componentes é absolutamente igual; então, conclui-se que:

$$Q_R = \Delta L^2 \cdot (1/i_1 + 1/i_2 + 1/i_3 + ... + 1/i_{n-1} + 1/i_n)$$

Demonstrei também que a quantidade elástica de um corpo dinamoscópico é igual à intensidade elástica multiplicada pelo quadrado da variação da intensidade de força imprimida.

Simbolicamente, o referido enunciado é expresso por:

$$Q = i \cdot \Delta F^2$$

Portanto, substituindo convenientemente no que se pode chamar por lei básica da quantidade elástica resultante de uma associação em paralelo. Então, resulta que:

$$Q_R = i_1 \cdot \Delta L^2_1 + i_2 \cdot \Delta L^2_2 + i_3 \cdot \Delta L^2_3 + ... + i_{n-1} \cdot \Delta L^2_{n-1} + i_n \cdot \Delta L^2_n$$

Desse modo, pode-se substituir qualquer lei particular da quantidade elástica de um corpo dinamoscópico, para um sistema dinamoscópico de associação em paralelo.

Evidentemente, a quantidade elástica resultante de um corpo dinamoscópico resultante é igual à intensidade elástica resultante multiplicada pelo quadrado da variação da intensidade de força resultante.

Simbolicamente, o referido enunciado é expresso por:

$$Q_R = i_R \cdot \Delta F^2_R$$

Sabe-se que em uma associação em paralelo o quadrado da variação da intensidade de força resultante é igual à soma do quadrado da variação da intensidade de força dos corpos dinamoscópicos que estão associados.

Simbolicamente, o referido enunciado é expresso por:

$$\Delta F^2_R = \Delta F^2_1 + \Delta F^2_2 + \Delta F^2_3 + ... + \Delta F^2_{n-1} + \Delta F^2_n$$

Substituindo convenientemente as referidas expressões, resulta que:

$$Q_R = i_R \cdot (\Delta F^2_1 + \Delta F^2_2 + \Delta F^2_3 + ... + \Delta F^2_{n-1} + \Delta F^2_n)$$

A lei de Leandro para a intensidade elástica resultante numa associação em paralelo é expressa por:

$$i_R = i_G/i_G \cdot i^{-1}_1 + i_G \cdot i^{-2}_2 + i_G \cdot i^{-3}_3 + ... + i_G \cdot i^{-1}_{n-1} + i_G \cdot i^{-1}_n$$

Portanto, substituindo convenientemente na última expressão, resulta que:

$$Q_R = (i_G/i_G \cdot i^{-1}_1 + i_G \cdot i^{-2}_2 + i_G \cdot i^{-3}_3 + ... + i_G \cdot i^{-1}_{n-1} + i_G \cdot i^{-1}_n) \cdot (\Delta F^2_1 + \Delta F^2_2 + \Delta F^2_3 + ... + \Delta F^2_{n-1} + \Delta F^2_n)$$

Desse modo encerro o presente item, que versa sobre a quantidade elástica resultante de um sistema dinamoscópico associado em paralelo.

8. Lei Básica da Energia Elástica Resultante de uma Associação em Paralelo

Verificou-se que a energia elástica de um corpo dinamoscópico é igual ao quociente da quantidade elástica inverso por dois.
Simbolicamente, o referido enunciado é expresso por:

$$E = Q/2$$

Sabe-se que em um sistema dinamoscópico associado em paralelo, a quantidade elástica resultante é igual a soma entre as quantidades particulares dos corpos dinamoscópicos associados.
O referido enunciado é expresso simbolicamente por:

$$Q_R = Q_1 + Q + Q_3 + ... + Q_{n-1} + Q_n$$

Substituindo convenientemente as referidas expressões, obtém-se:

$$Q_R = E_1 . 2 + E_2 . 2 + E_3 . 2 + ... + E_{n-1} . 2 + E_n . 2$$

Isolando a constante de índice "dois" obtém-se:

$$Q_R = 2 . (E_1 + E_2 + E_3 + ... + E_{n-1} + E_n)$$

Considerando um corpo dinamoscópico resultante, então se pode concluir que a quantidade elástica resultante é igual ao dobro da energia elástica resultante.
Simbolicamente o referido enunciado é expresso por:

$$Q_R = E_R . 2$$

Igualando convenientemente as duas últimas expressões, obtém-se que:

$$E_R \cdot 2 = 2 \cdot (E_1 + E_2 + E_3 + ... + E_{n-1} + E_n)$$

Eliminando os termos em evidência, resulta que:

$$E_R = E_1 + E_2 + E_3 + ... + E_{n-1} + E_n$$

Portanto, pode-se afirmar que a energia elástica resultante de um sistema dinamoscópico associado em paralelo é igual à soma das energias elásticas parciais dos corpos dinamoscópicos que compõem a referida associação.

CAPÍTULO VIII
Análise das Associações

1. Introdução

    Em capítulos anteriores dediquei certa atenção na análise das leis de Leandro. Passarei agora a analisar a equação da deformação linear por compressão, numa associação em série e em paralelo.
    Da mesma maneira que procedi com os corpos dinamoscópicos analisados através de suas leis, o mesmo pode ser na associação desejada analisada através de suas equações de deformação linear. Introduzirei resumidamente os conceitos elementares já postulados e me lançarei a analisar a equação da deformação linear por compressão.

2. Associação em Série

    Considere novamente três corpos dinamoscópicos, associados em série e submetidos à ação de uma intensidade de força, cujo sentido é tal, que a deformação linear resultante é por compressão. Esses corpos apresentam comprimentos iniciais (L_{01}, L_{02} e L_{03}), com intensidades elásticas correspondendo respectivamente a (i_1, i_2 e i_3). Ligados de acordo com o esquema indicado na seguinte figura:

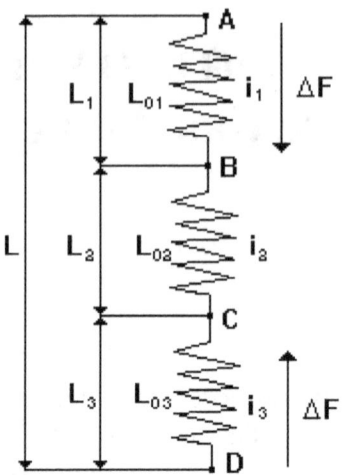

Resumidamente essa associação apresenta as seguintes características:

3. Intensidade de Força

Tudo se passa como na associação em série estudada anteriormente, ou seja, todos os corpos dinamoscópicos são impressos pela mesma força de intensidade (ΔF).

4. Comprimento da Associação

Para uma associação em série pode-se escrever o comprimento entre os terminais do corpo dinamoscópico resultante como a soma dos comprimentos parciais entre os terminais de cada corpo dinamoscópico associado, ou seja:

$$L\overline{AD} = L\overline{AB} + L\overline{BC} + L\overline{CD}$$

Generalizando a referida expressão, obtém-se que:

$$L_R = L_1 + L_2 + L_3 + ... + L_{n-1} + L_n$$

Utilizando a equação característica de um corpo dinamoscópico em estágio de deformação por compressão para dada um deles, em separado, tem-se:

a) $L\overline{AB} = L_{01} - i_1 \cdot \Delta F$
b) $L\overline{BC} = L_{02} - i_2 \cdot \Delta F$
c) $L\overline{CD} = L_{03} - i_3 \cdot \Delta F$

Que substituindo convenientemente na última expressão, obtém-se que:

$$L\overline{AD} = (L_{01} - i_1 \cdot \Delta F) + (L_{02} - i_2 \cdot \Delta F) + (L_{03} - i_3 \cdot \Delta F)$$

Portanto isto implica que:

$$L\overline{AD} = (L_{01} + L_{02} + L_{03}) - (i_1 + i_2 + i_3) \cdot \Delta F$$

Generalizando a referida expressão, obtém-se que:

$$L_R = (L_{01} + L_{02} + L_{03} + ... + L_{0n-1} + L_{0n}) - (i_1 + i_2 + i_3 + ... + i_{n-1} + i_n) \cdot \Delta F$$

A referida expressão traduz a resultante de uma deformação linear por compressão, evidentemente para se obter a fórmula para a deformação linear por tração, basta simplesmente modificar o sinal, de acordo com a seguinte expressão:

$$L_R = (L_{01} + L_{02} + L_{03} + ... + L_{0n-1} + L_{0n}) + (i_1 + i_2 + i_3 + ... + i_{n-1} + i_n) \cdot \Delta F$$

Nessas condições, a associação em debate é resultante a um único corpo dinamoscópico perfeitamente elástico de comprimento inicial na ausência da ação de forças externas, igual a $(L_0 = L_{01} + L_{02} + L_{03} + ... + L_{0n-1} + L_{0n})$; então isto implica que o comprimento inicial resultante numa associação, quer seja ela uma deformação por tração, quer seja, uma deformação por compressão, esse comprimento inicial é sempre igual à somatória dos comprimentos iniciais dos corpos dinamoscópicos associados em série: $L_0 = \Sigma\ L_{0n}$. A intensidade elástica ($i = i_1 + i_2 + i_3 + ... + i_{n-1} + i_n$) e, portanto a intensidade elástica que resulta é igual à somatória das intensidades elásticas parciais, em qualquer tipo de deformação linear: $i = \Sigma\ i_n$, de tal forma que a equação característica da deformação por compressão é dada por:

$$L_R = \Sigma\ L_0 - \Sigma\ i\ .\ \Delta F$$

A equação que caracteriza a deformação por tração, numa associação em série, exprime o comprimento resultante nesse sistema dinamoscópico, na seguinte lei:

$$L_R = \Sigma\ L_0 + \Sigma\ i\ .\ \Delta F$$

No presente livro, verificou-se que o comprimento de um corpo dinamoscópico numa deformação por compressão é igual ao comprimento inicial, multiplicado pela constante de índice "um" que por sua vez é diferenciada novamente pelo comprimento inicial multiplicado pelo coeficiente de deformação linear em produto com a variação da intensidade de força imprimida.

Simbolicamente, o referido enunciado é expresso por:

$$L = L_0\ .\ (1 - h\ .\ \Delta F)$$

Demonstrei que o comprimento resultante é igual à soma entre os comprimentos parciais dos corpos dinamoscópicos associados.

Simbolicamente, o referido enunciado é expresso por:

$$L_R = L_1 + L_2 + L_3 + ... + L_{n-1} + L_n$$

Portanto, substituindo convenientemente as duas últimas expressões, resulta que:

$$L_R = L_{01} \cdot (1 - h_1 \cdot \Delta F) + L_{02} \cdot (1 - h_2 \cdot \Delta F) + ... + L_{0n-1} \cdot (1 - h_{n-1} \cdot \Delta F) + L_{0n} \cdot (1 - h_n \cdot \Delta F)$$

Portanto, isto implica que:

$$L_R = L_{01} - L_{01} \cdot h_2 \cdot \Delta F + L_{02} - L_{02} \cdot h_2 \cdot \Delta F + ... + L_{0n-1} - L_{0n-1} \cdot h_{n-1} \cdot \Delta F + L_{0n} - L_{0n} \cdot h_n \cdot \Delta F$$

Logo resulta que:

$$L_R = (L_{01} + L_{02} + ... + L_{0n-1} + L_{0n}) - (L_{01} + L_{02} + ... + L_{0n-1} + L_{0n}) \cdot (h_1 + h_2 + ... + h_{n-1} + h_n) \cdot \Delta F$$

Assim, resulta que:

$$L_R = (L_{01} + L_{02} + ... + L_{0n-1} + L_{0n}) \cdot [1 - (h_1 + h_2 + ... + h_{n-1} + h_n)] \cdot \Delta F$$

Evidentemente, a referida expressão traduz o comprimento resultante em um corpo dinamoscópico através de uma deformação linear por compressão. Naturalmente, ao inverter o sinal, a expressão então, passa a traduzir uma deformação por tração, de acordo com a seguinte fórmula:

$$L_R = (L_{01} + L_{02} + ... + L_{0n-1} + L_{0n}) \cdot [1 + (h_1 + h_2 + ... + h_{n-1} + h_n)] \cdot \Delta F$$

Portanto, o corpo dinamoscópico resultante de comprimento inicial igual a ($L_0 = L_{01} + L_{02} + L_{03} +... + L_{0n-1} + L_{0n}$); então isto leva a conclusão de que o comprimento inicial numa deformação linear é sempre igual à somatória dos comprimentos iniciais dos corpos dinamoscópicos associado em série: ($L_0 = \Sigma\ L_{0n}$). O coeficiente de deformação linear ($h = h_1 + h_2 + h_3 +... + h_{n-1} + h_n$) e, portanto o coeficiente de deformação linear que resulta é igual à somatória dos coeficientes de deformação linear parcial ($h = \Sigma\ h_n$), de tal modo que a equação característica da deformação linear por compressão é expressa por:

$$L_R = \Sigma\ L_0 \cdot (1 - \Sigma\ h \cdot \Delta F)$$

A equação que caracteriza a deformação linear por tração, numa associação em série, exprime o comprimento resultante nesse corpo dinamoscópico na seguinte fórmula:

$$L_R = \Sigma\ L_0 \cdot (1 + \Sigma\ h \cdot \Delta F)$$

No presente livro chegou-se a conclusão de que o comprimento de um corpo dinamoscópico numa deformação linear por tração é igual ao comprimento inicial desse corpo, multiplicado pela constante de índice "um" adicionado ao quociente da característica dinamoscópica em produto com a variação da intensidade de força, inversa pela área da seção transversal.

Simbolicamente, o referido enunciado é expresso por:

$$L_R = L_0 \cdot (1 + \eta \cdot \Delta F/A)$$

Pode-se demonstrar que o comprimento resultante é igual à soma dos comprimentos parciais dos corpos dinamoscópicos associados.

Simbolicamente, o referido enunciado é expresso por:

$$L_R = L_1 + L_2 + L_3 +... + L_{n-1} + L_n$$

Portanto, substituindo convenientemente as duas últimas expressões, obtém-se:

$$L_R = L_{01} \cdot (1 + \eta_1 \cdot \Delta F/A_1) + L_{02} \cdot (1 + \eta_2 \cdot \Delta F/A_2) + \ldots + L_{0n-1} \cdot (1 + \eta_{n-1} \cdot \Delta F/A_{n-1}) + L_{0n} \cdot (1 + \eta_n \cdot \Delta F/A_n)$$

Portanto, isto implica que:

$$L_R = (L_{01} + L_{02} + \ldots + L_{0n-1} + L_{0n}) \cdot [1 - (\eta_1 + \eta_2 + \ldots + \eta_{n-1} + \eta_n) \cdot (\Delta F/A_R)]$$

Logicamente, a referida expressão traduz o comprimento resultante em um corpo dinamoscópico através de uma deformação linear por tração. Assim, ao inverter o sinal, a expressão então, passa a traduzir uma deformação linear por compressão, de acordo com o indicado na seguinte fórmula:

$$L_R = (L_{01} + L_{02} + \ldots + L_{0n-1} + L_{0n}) \cdot [1 - (\eta_1 + \eta_2 + \ldots + \eta_{n-1} + \eta_n) \cdot (\Delta F/A_R)]$$

Num corpo dinamoscópico resultante, o comprimento inicial numa deformação linear é igual à somatória dos comprimentos iniciais parciais dos corpos dinamoscópicos associado em série.

Simbolicamente, o referido enunciado é expresso por:

$$L_0 = \Sigma L_{0n}$$

A característica dinamoscópica que resulta é igual à somatória entre as características dinamoscópicas parciais.

O referido enunciado é expresso por:

$$\eta = \Sigma \eta_n$$

Assim, a equação geral da deformação linear por tração resultante é expressa por:

$$L_R = \Sigma L_0 \cdot (1 + \Sigma \eta \cdot \Delta F / A_R)$$

A equação que caracteriza a deformação linear por compressão, em um sistema dinamoscópico associado em série, exprime o comprimento resultante nesse sistema na seguinte fórmula:

$$L_R = \Sigma L_0 \cdot (1 - \Sigma \eta \cdot \Delta F / A_R)$$

5. Corpo Dinamoscópico Perfeitamente Elástico Resultante

Em particular denominei por corpo dinamoscópico resultante a associação de corpos dinamoscópicos, o corpo dinamoscópico perfeitamente elástico que tenha característica idêntica à associação considerada. Ou melhor, o corpo dinamoscópico perfeitamente elástico resultante é aquele que, imprimido pela intensidade da força imprimida na associação. Mantém entre os seus terminais uma deformação igual àquela mantida pela associação.

Desse modo é possível substituir a associação de corpos dinamoscópicos perfeitamente elásticos convenientemente por apenas um destes – desde que o mesmo mantenha as características da associação – chamada por "corpo dinamoscópico perfeitamente elástica resultante". Tratando-se de uma associação em série, o corpo dinamoscópico perfeitamente elástico resultante apresenta comprimento inicial (L_0) e intensidade elástica (i), coeficiente de deformação linear h e característica dinamoscópica (η) respectivamente iguais à soma dos comprimentos iniciais; à soma das intensidades elásticas; à soma dos coeficientes de deformação linear e à soma das características dinamoscópicas dos corpos dinamoscópicos perfeitamente elásticos associados.

$$L_0 = L_{01} + L_{02} + L_{03} + ... + L_{0n-1} + L_{0n}$$

$$i = i_1 + i_2 + i_3 + ... + i_{n-1} + i_n$$

$$h = h_1 + h_2 + h_3 + ... + h_{n-1} + h_n$$

$$\eta = \eta_1 + \eta_2 + \eta_3 + ... + \eta_{n-1} + \eta_n$$

Como já afirmei em itens anteriores; numa associação em série, o corpo dinamoscópico perfeitamente elástico resultante deve ser impresso pela mesma intensidade de força que imprime cada um dos corpos dinamoscópicos elásticos que estão associados; além de mais, o comprimento resultante entre os terminais do corpo dinamoscópico deve ser o mesmo que existia entre os terminais da associação. Portanto, com relação ao esquema inicial tem-se:

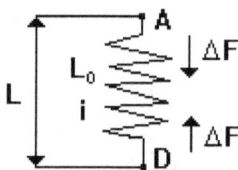

Assim, pode-se escrever:

$L = L_0 - i \cdot \Delta F$; para a deformação por compressão e,

$L = L_0 + i \cdot \Delta F$; para a deformação por tração.

De forma generalizada, ao se considerar uma associação em série (n_A) corpos dinamoscópicos perfeitamente elástico, pode-se escrever:

a) $\quad L_0 = \Sigma^n_{\Delta F=1} L \cdot \Delta F$

b) $i = \sum_{\Delta F=1}^{n} i \cdot \Delta F$

As expressões a pouco deduzidas podem ser aplicadas a um número qualquer de corpos dinamoscópicos perfeitamente elásticos. Em particular para (n) corpos dinamoscópicos iguais, cada um de comprimento inicial (L_0) e de intensidade elástica (i), tem-se:

$$L_0 = n \cdot L_{0X}$$

$$i = n \cdot i_X$$

Observe que nesta associação ocorre um aumento de comprimento inicial, mas por outro lado, existe também um aumento da intensidade elástica. A associação em série de corpos dinamoscópicos perfeitamente elásticos iguais é o caso mais comum e de certa maneira, de maior interesse prático. A finalidade é obter um comprimento inicial de valor mais elevado do que a de cada corpo dinamoscópico.

No caso de associação em série de corpos dinamoscópicos, perfeitamente elásticos iguais, a intensidade de força máxima, imprimida em uma deformação por compressão, do corpo dinamoscópico resultante é igual à intensidade de força máxima em cada um dos corpos dinamoscópicos associados.

$$L_{mx} = L_0/i = L_{0x}/i_x$$

6. Associação em Paralelo

Em especial nesse tipo de associação, passarei a princípio a analisar corpos dinamoscópicos de mesmo comprimento inicial. Isto, por uma questão de simplicidade, além do mais em minhas experiências, tem sido muito comum empregar em associações em paralelos, corpos dinamoscópicos que também apresentam intensidades elásticas iguais.

Considere então três corpos dinamoscópicos iguais, cada um deles com comprimento inicial (L_{01}) e intensidade elástica (i_1), submetidos a uma deformação por compressão, conforme o esquema indicado na seguinte figura:

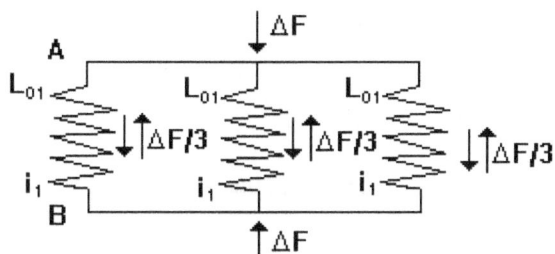

A referida associação apresenta as seguintes características:

7. Intensidade de Força

Como todos os corpos dinamoscópicos associados são iguais, as intensidades de força parciais que são impressas a cada um deles são exatamente iguais.

8. Comprimento dos Corpos Associados

O comprimento mantido entre os terminais de cada um dos corpos dinamoscópicos associados é o mesmo, sendo fornecido por:

$$L_{\overline{AB}} = L_0 - i_1 \cdot \Delta F/3$$

Generalizando a referida expressão para (n) corpos dinamoscópicos associados em paralelo, pode-se escrever:

$$L_{\overline{AB}} = L_{01} - i_1 \cdot \Delta F/n$$

Ao considerar no lugar da intensidade elástica, o coeficiente de deformação linear e o comprimento inicial. Então a última expressão pode ser representada por:

$$L_{\overline{AB}} = L_{01} \cdot (1 - h_1 \cdot \Delta F/n)$$

Ao considerar a lei geral da deformação linear, pode-se afirmar que:

$$L_{\overline{AB}} = L_{01} \cdot (1 - \eta_1 \cdot \Delta F/A_1 \cdot n)$$

As referidas leis traduzem uma deformação por compressão. Já para a deformação por tração basta inverter o sinal. Dessa forma, resulta que:

$$L_{\overline{AB}} = L_{01} + i_1 \cdot \Delta F/n$$

Conclui-se então que:

$$L_{\overline{AB}} = L_{01} \cdot (1 + h_1 \cdot \Delta F/n)$$

E assim:

$$L_{\overline{AB}} = L_{01} \cdot (1 + \eta_1 \cdot \Delta F/A_1 \cdot n)$$

9. Corpo Dinamoscópico Resultante

Tratando-se de uma associação em paralelo de corpos dinamoscópicos iguais, o comprimento inicial do corpo dinamoscópico resultante é igual ao comprimento inicial de cada um dos corpos dinamoscópicos associados, além disso, o inverso da sua intensidade elástica é igual à soma do inverso da intensidade elástica parcial dos corpos dinamoscópicos associados:

$$L_0 = L_{01}$$

$$i = i_1/3 \qquad h = h_1/3 \qquad \eta = \eta_1/3$$

Generalizando as três últimas expressões, resulta que:

$$i = i_1/n \qquad h = h_1/n \qquad \eta = \eta_1/n$$

Em uma associação em paralelo, o corpo dinamoscópico resultante deve ser impresso pela intensidade de força total (ΔF) (soma das intensidades de forças parciais que imprimem cada um dos corpos dinamoscópicos associados); além disso, o comprimento resultante entre seus terminais deve ser o mesmo que existia entre os terminais de cada um dos corpos dinamoscópicos associados. Portanto, com relação ao esquema inicial, deve-se ter:

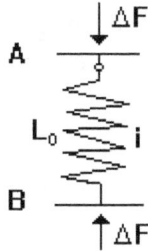

Dessa maneira, obtém-se:

$$L_{\overline{AB}} = L_0 + i \cdot \Delta F$$

Assim, conseguem-se duas expressões para ($L\overline{AB}$)

a) $L\overline{AB} = L_{01} + i_1 \cdot \Delta F/n$

b) $L\overline{AB} = L_0 + i \cdot \Delta F$

Isto permite afirmar que:

$$L_0 - i \cdot \Delta F = L_{01} - i_1 \cdot \Delta F/n$$

Igualando convenientemente as referidas expressões, obtém-se que:

$$L_0 = L_{01}$$

$$i = i_1/n$$

Observe que o resultado conseguido demonstra a expressão escrita para a obtenção da intensidade elástica e do comprimento inicial do corpo dinamoscópico resultante, quando se trata de uma associação em paralelo de corpos dinamoscópicos iguais.

Como já foi realizado anteriormente, de forma genérica, ao considerar uma associação em paralelo de (n) corpos dinamoscópicos iguais, pode-se escrever:

a) $L_0 = L_{01}$

b) $i = i_F/n$

Nesta, $F = 1, 2... n-1, n$

É importante observar que numa associação de (n) corpos dinamoscópicos iguais em paralelo se consegue um corpo dinamoscópico resultante, com o mesmo comprimento inicial que o dos parciais, mas com intensidade elástica sempre menor que os destes. Ocorre, portanto, uma diminuição no valor da intensidade elástica.

Outro problema comumente encontrado na prática é o da associação em paralelo de corpos dinamoscópicos, não necessariamente iguais. Há um grande número de questões importantes relacionadas com a operação de fontes de alimentação ligadas em paralelo num circuito. No momento presente, porém, limitar-nos-emos apenas à análise de casos muito simples, como o indicado na figura que se segue, em que dois corpos dinamoscópicos desiguais são associados em paralelo para imprimir os corpos associados com uma deformação (ΔL) e intensidade de força (ΔF).

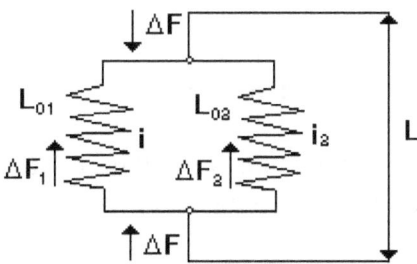

Das equações das malhas vem que:

$$\Delta F_1 = (L - L_{01})/i_1$$

$$\Delta F_2 = (L - L_{02})/i_2$$

Levando esses valores de (i_1) e (i_2) na seguinte equação: ($\Delta F = \Delta F_1 + \Delta F_2$), resulta que:

$$\Delta F = (L - L_{01})/i_1 + (L - L_{02})/i_2$$

Ou seja:

$$\Delta F = [(L_{01}/i_1) + (L_{02}/i_2)] - [(1/i_1) + (1/i_2)] \cdot L$$

Esta última equação exprime a intensidade (ΔF) da força imprimida pela associação dos corpos dinamoscópicos em função do comprimento resultante entre seus terminais. Essa equação representa, portanto, a característica do corpo dinamoscópico equivalente à associação de corpos dinamoscópicos considerada.

A equação de um corpo dinamoscópico de comprimento inicial (L_0) e a intensidade elástica (i) é como se sabe:

$$L = L_0 - i \cdot \Delta F$$

Ou seja:

$$\Delta F = L_0/i = L/i$$

Comparando esta expressão com a obtida para a associação, resulta para o corpo dinamoscópico equivalente:

$$1/i = 1/i_1 + 1/i_2$$

Ou seja:

$$i = i_1 \cdot i_2/i_1 + i_2$$

$$L_1/i = L_{01}/i_1 + L_{02}/i_2$$

$$L_0 = i_2.L_{01} + i_1.L_{02}/i_1 + i_2$$

Devo chamar a atenção para as seguintes observações:

a - A intensidade elástica do corpo dinamoscópico equivalente é igual à da associação em paralelo de (i_1 e i_2).

b - Se (L_{01} e L_{02}) forem distintas, haverá uma intensidade de força imprimida entre os corpos dinamoscópicos da associação. Essa intensidade de força imprimida será máxima quando a associação apresentar ($\Delta F = 0$):

$$\Delta F_C = L_{01} - L_{02}/i_1 + i_2$$

No caso de se terem vários corpos dinamoscópicos associados em paralelo às expressões que permitem o cálculo do corpo dinamoscópico equivalente podem ser facilmente obtidos pela generalização das expressões anteriores:

$$1/i = \Sigma^n_{J=1} 1/i_J$$

$$L_0/i = \Sigma^n_{J=1} L_{0J}/i_J$$

10. Associação Mista de Corpos Dinamoscópicos

Existem dois casos de interesse prático, ambos envolvendo (n) corpos dinamoscópicos iguais entre si, cada um com comprimento inicial (L_{01}) e intensidade elástica (i_1).

I – No primeiro caso têm-se os corpos dinamoscópicos formado por (N) séries iguais e (M) corpos dinamoscópicos perfeitamente elásticos, associados em paralelo. Naturalmente (n = M . N) que corresponde ao número total de corpos dinamoscópicos submetidos a uma deformação por tração de acordo com o esquema indicado na seguinte figura:

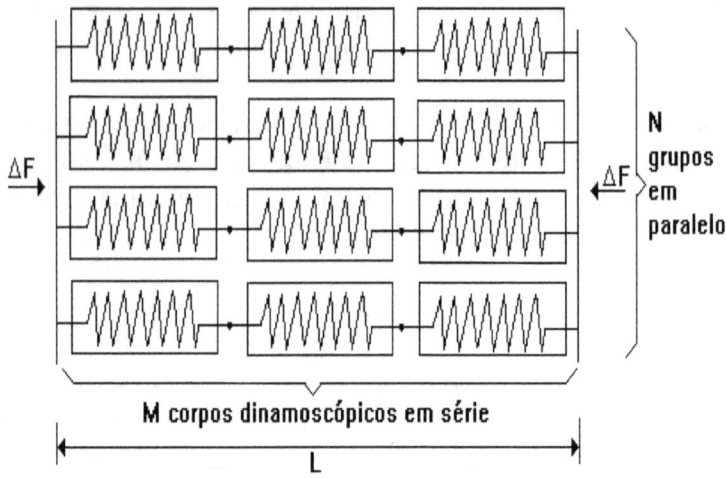

Cada série equivale a um corpo dinamoscópico de comprimento inicial ($L'_0 = M \cdot L_{01}$) e intensidade elástica ($i' = M \cdot i_1$) Esses corpos dinamoscópicos parciais, em número (N), estão ligados em paralelo, resultando um corpo dinamoscópico final de comprimento inicial ($L_0 = L'_0 = M \cdot L_{01}$) e intensidade elástica ($i = i'/N = M \cdot i_1/N$). A equação do corpo dinamoscópico resultante numa deformação por compressão é a seguinte: ($L = L_0 - i \cdot \Delta F$) será pois,

$$L = M \cdot L_1 - (M \cdot i_1/N) \cdot \Delta F$$

Sendo (L) e (ΔF) respectivamente o comprimento e a força imprimida nos terminais da associação.

Em cada corpo dinamoscópico a intensidade da força será ($\Delta F_1 = \Delta F/N$) e o comprimento de cada corpo será dado por ($L_1 = L/M$).

II – No segundo caso de associação mista a ser considerada aqui, os corpos dinamoscópicos formam (M) associações em paralelo de (N) elementos cada uma e essas (M) associações são ligadas em série de acordo com o esquema indicado na seguinte figura:

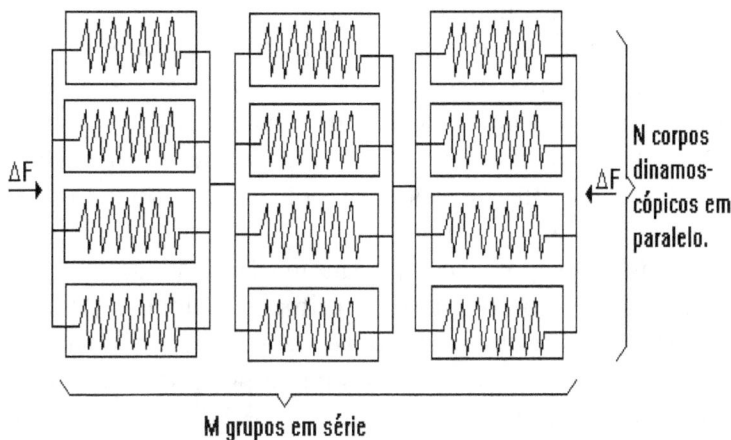

Cada grupo de corpos dinamoscópicos em paralelo equivale a um corpo dinamoscópico de comprimento inicial ($L''_0 = L_0$) e intensidade elástica ($i'' = i_1/N$).

Na deformação por compressão a equação do corpo dinamoscópico resultante é dada por: ($L = L_0 - i \cdot \Delta F$) será, pois:

$$L = M \cdot L_{01} - (M \cdot i_1/N) \cdot \Delta F$$

Na deformação por tração a equação do corpo dinamoscópico resultante é dada por: ($L = L_0 + i \cdot \Delta F$) será, pois:

$$L = M \cdot L_{01} + (M \cdot i_1/N) \cdot \Delta F$$

Onde a letra (L) e (ΔF) são, como já afirmei, o comprimento resultante e a intensidade de força nos terminais da associação.

Devo observar que as equações do corpo dinamoscópico perfeitamente elástico resultante são idênticas para os dois casos de associação mista considerada. Isso significa que, embora fisicamente diversos, os dois modelos de associação mista são dinamoscopicamente equivalentes.

O comprimento e a intensidade de força em cada um dos corpos dinamoscópicos, neste segundo caso, também são idênticas às dos primeiro caso, aqui considerado.

Em meus estudos surgiu um problema que de certa forma apresenta um interesse prático. Este problema é o seguinte:

Numa deformação por compressão, são dados (n) corpos dinamoscópicos iguais (comprimento inicial L_0 e intensidade elástica i_1) de que forma devem ser associados para que se tenha intensidade de força máxima imprimida em um corpo dinamoscópico externo de intensidade elástica (I). De acordo com o esquema indicado na seguinte figura:

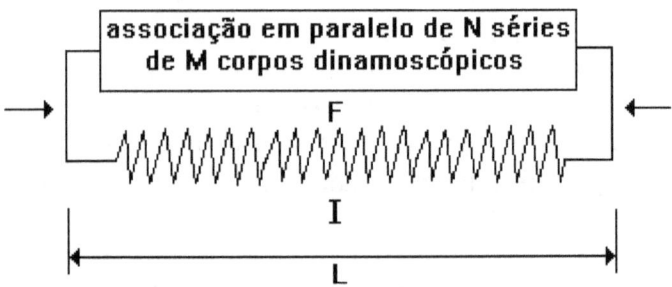

Para solucionar essa questão, procedi da seguinte maneira: calculei a intensidade de força imprimida no corpo dinamoscópico de intensidade elástica (I) quando ligada a uma associação mista, de qualquer dos tipos a pouco considerados. A equação da deformação por compressão do sistema será expressa por:

$$L = M \cdot L_{01} - (M \cdot i_1/N) \cdot \Delta F = I \cdot \Delta F$$

De onde se conclui que:

$$\Delta F = M \cdot L_{01}/I + (M \cdot i_1/N)$$

Ou ainda resulta que:

$$\Delta F = M \cdot N \cdot L_{01}/N \cdot I + M \cdot i_1 = n \cdot L_{01}/N \cdot I + M \cdot i_1$$

Pois ($M \cdot N = n$), que corresponde ao número total de corpos dinamoscópicos.

Deve-se observar que o numerador da última fração ($n \cdot L_{01}$) é constate. Assim, para que se tenha o valor máximo de (ΔF), é necessário que o denominador ($N \cdot I + M \cdot i_1$) seja mínimo.

Agora se deve fazer ($X = N \cdot I$) e ($Y = M \cdot i_1$). O produto ($X \cdot Y = N \cdot M \cdot i_1 = \eta \cdot I$) é constante. Trata-se, pois, de achar o valor mínimo da soma ($X + Y$) de duas variáveis cujo produto é absolutamente constante. É possível em análise matemática provar que esse mínimo é obtido quando as duas variáveis forem iguais, isto é, quando ($X = Y$).

Então a condição do problema será satisfeita quando:

$$N \cdot I = M \cdot i_1$$

Porém, como ($M = M/N$), resulta da expressão anterior:

$$N = \sqrt{i_1 \cdot n/I}$$

$$M = \sqrt{I \cdot n/i_1}$$

Naturalmente os valores (N) e (M) devem ser números inteiros, para que a solução do problema possa ser concretizada.

CAPÍTULO IX
Associações Particulares

1. Introdução

As associações dinamoscópicas tratadas anteriormente eram fundamentadas em uma única característica que a diferencia do estudo das associações particulares.

Essa característica implica que a intensidade de forma imprimida no sistema dinamoscópico é apenas uma. E os fenômenos que resultam da exclusividade dessa força foram estudados e postulados nos capítulos anteriores.

No presente capítulo, em especial dedico ao estudo dos fenômenos dinamoscópicos que resultam da ação de várias forças de distintas intensidades e de diferentes sentidos.

2. Deformação

Sabe-se que a deformação elástica entre dois pontos de um sistema é igual à variação da deformação elástica sofrida entre tais pontos. Assim, sendo (L_0) e (L), respectivamente os estágios dos extremos (A) e (B) de um corpo dinamoscópico, a deformação (ΔL) a que o corpo dinamoscópico está submetido será expressa por:

$$\Delta L = L - L_0$$

O que está de acordo com o esquema indicado na seguinte figura:

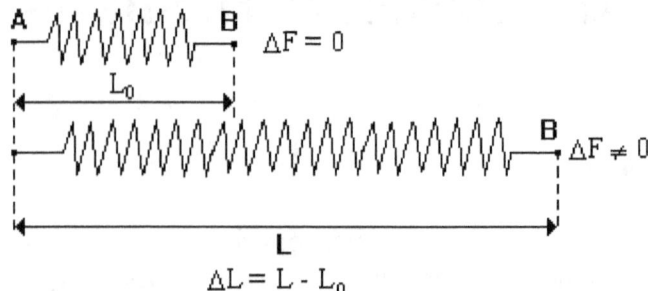

3. Equilíbrio Dinamoscópico

Costumo afirmar que existe equilíbrio dinamoscópico, quando existe repouso em um corpo ou sistema dinamoscópico.

A deformação de um corpo pode ser considerada como um composto de deformação por tração, associado a uma deformação por flexão. No caso mais geral, uma intensidade única de uma força aplicada a um corpo dinamoscópico, altera tanto sua deformação por tração quanto à de flexão. Entretanto, quando várias intensidades de forças são impressas simultaneamente a um nó que liga os corpos dinamoscópicos, seus efeitos podem ser compensar, de tal forma a não ocorrer deformação nem de tração e nem de flexão.

Quando isso acontece, diz-se que o sistema está em equilíbrio dinamoscópico. Isto significa que o sistema como um todo, está em repouso e, portanto não está animado de deformação por tração nem por flexão.

Considerarei algumas experiências elementares das quais as leis do equilíbrio dinamoscópico podem ser deduzidas.

Para isso passarei a considerar o esquema indicado na seguinte figura:

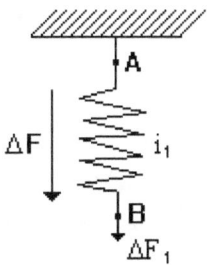

A referida figura representa um corpo dinamoscópico perfeitamente elástico afixado por uma de suas extremidades a um referencial inercial. Se imprimir uma única intensidade de força (ΔF_1), como o indicado na figura, o corpo dinamoscópico, que se achava originalmente restituído ao seu estado primitivo, imediatamente começa a se deformar no sentido da ação da força. Se o referido corpo dinamoscópico já estava em estágio de deformação, o efeito da ação da força aplicada é variar a deformação por tração em grandeza ou em direção, até mesmo ambas e aumentar ou diminuir a sua deformação por tração. Em ambas as situações, o corpo não permanece em equilíbrio dinamoscópico.

Entretanto, o equilíbrio, pode ser mantido, bastando para isso manter a intensidade de força constante.

Numa associação dinamoscópica particular, ligando-se outro corpo dinamoscópico na extremidade oposta à extremidade onde a ação da força é aplicada, e imprimindo-se outra intensidade de força no extremo livre do novo corpo dinamoscópico associado; resulta no sistema dinamoscópico denominado por associação particular.

Observe o esquema indicado na seguinte figura:

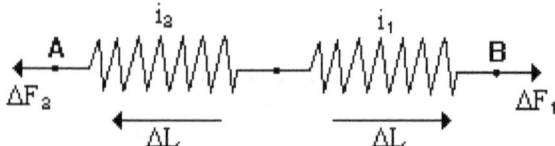

Nessas condições ao se imprimir uma dada intensidade de força (ΔF_2) na extremidade (A) e outra dada intensidade de força (ΔF_2) na extremidade (B). Os dois corpos dinamoscópicos associados passam a sofrer uma deformação de tal forma que o sistema entra automaticamente em equilíbrio dinamoscópico indicando que a força (ΔF_2) adquiriu a mesma intensidade de (ΔF_1), embora possua sentido contrário. A resultante das forças (ΔF_1) e (ΔF_2) é então nula.

Quando as intensidades de elasticidades de ambos os corpos dinamoscópicos são iguais, pode-se afirmar que a resultante das variações de deformações (ΔL_1) e (ΔL_2) são nulas.

Quando o sistema entra em equilíbrio dinamoscópico, a soma das intensidades de forças que se encontram presente nos corpos dinamoscópicos é nula, ou seja:

$$\Sigma \Delta F = 0$$

Como o sentido das forças imprimidas nos extremos livres dos corpos dinamoscópicos que constituem o sistema são opostos e, portanto uma delas é considerada algebricamente positiva e a outra que se opõe àquela é algebricamente negativa.

Como o sentido da deformação do corpo dinamoscópico coincide com o sentido da ação da força, e como esta última se opõe no sistema, então se conclui que as deformações resultantes também se opõem uma à outra.

Desse modo, pode-se afirmar que em corpos dinamoscópico de mesmas intensidades elásticas a soma das deformações resultantes nos corpos dinamoscópicos que constituem a associação é nula, ou seja:

$$\Sigma \Delta L = 0$$

Quando três forças distintas são impressas em um sistema associado particularmente, qualquer uma das forças imprimidas nos três corpos dinamoscópicos é igual à resultante das outras duas, porém de sentido contrário.

Em corpos dinamoscópicos de mesmas intensidades elásticas, três deformações resultam de um sistema dinamoscópico de modo que ele fique em equilíbrio dinamoscópico; qualquer uma das variações da deformação desses três corpos é igual à resultante das outras duas, mas de sentido contrário.

Observe o esquema indicado na seguinte figura:

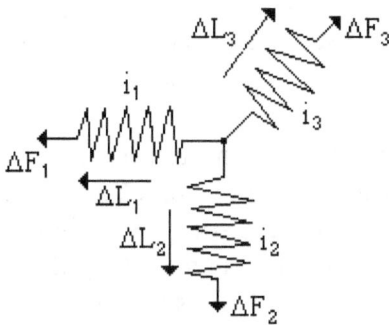

Apresenta-se um sistema dinamoscópico a que se aplicam três intensidades de forças não paralelas coplanares (ΔF_1, ΔF_2 e ΔF_3). As três forças são aplicadas ao ponto de interseção de suas linhas de ação e de sua resultante.

Tomando-se duas dessas forças, ao ponto de interseção de suas linhas de ação e de sua resultante, é obtido como índice o esquema da seguinte figura:

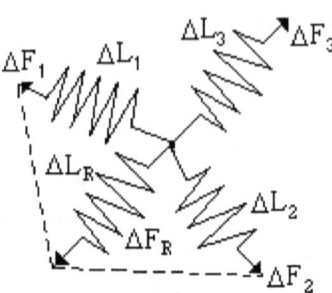

As intensidades de forças agora estão reduzidas a duas (ΔF_3 e ΔF_R). Para elas estarem em equilíbrio dinamoscópico deve possuir a mesma intensidade, a mesma linha de ação e sentidos opostos; segue-se que a resultante das três forças é nula e que a linha de ação de (ΔF_3) passa pelo ponto de interseção das linhas de ação das forças (ΔF_1 e ΔF_2). Em outras palavras, as três forças devem ser concorrentes. E o mesmo se deve dizer das deformações dos corpos dinamoscópicos de mesmas intensidades elásticas.

O esquema indicado na última figura constitui um método gráfico satisfatório para a solução de problemas de equilíbrio dinamoscópico. Para a solução analítica é em geral mais simples empregar as componentes retangulares das forças e nas deformações elásticas resultantes emprega-se o mesmo método das componentes retangulares das deformações.

4. Equilíbrio de um Sistema Dinamoscópico

Quando um sistema é impresso por diferentes forças em diferentes sentidos, ele entra automaticamente em equilíbrio dinamoscópico, e a soma das forças que atuam nele são nula e reciprocamente. Portanto o sistema está em equilíbrio.

$$\Sigma \Delta F = 0$$

Quando o sistema é constituído por corpos dinamoscópicos de mesma intensidade elástica, a soma das deformações oriunda do sistema ênula e reciprocamente. Quando isso corre diz-se que o sistema encontra-se em equilíbrio dinamoscópico.

$$\Sigma \Delta L = 0$$

Considerando que as forças atuam no ponto de interseção sejam coplanares, ao ocorrer o equilíbrio dinamoscópico a soma das componentes segundo o eixo (X) e segundo o eixo dos (Y) são nulas, ou seja:

a) $\Sigma \Delta F_X = 0$

b) $\Sigma \Delta F_Y = 0$

O mesmo se deve dizer dos corpos dinamoscópicos de mesmas intensidades elásticas, que estão em equilíbrio, a resultante de todas as deformações oriundas do sistema dinamoscópicos é nula. Desse modo a soma das deformações resultantes segundo o eixo do (x) e segundo o eixo do (y), são nulas, ou seja:

c) $\Sigma \Delta L_X = 0$

d) $\Sigma \Delta L_Y = 0$

Para exemplificar o que tenho afirmado a respeito das deformações resultantes de um sistema dinamoscópico associados particularmente, passarei a efetuar a resolução do seguinte problema.

Calcular as deformações (ΔL_1 e ΔL_2) de corpos dinamoscópicos de intensidade elástica iguais, conforme o esquema indicado na próxima figura. Sabe-se que as deformações dos três corpos dinamoscópicos estão em equilíbrio:

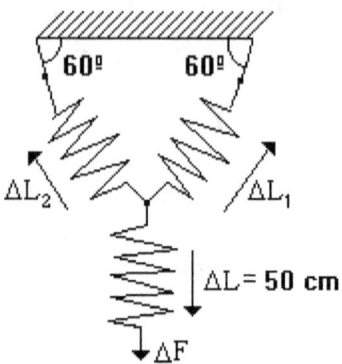

Para se conseguir os componentes horizontais e verticais das deformações resultantes, constroem-se o eixo das ordenadas passando pela deformação (ΔL), conforme o esquema indicado na seguinte figura:

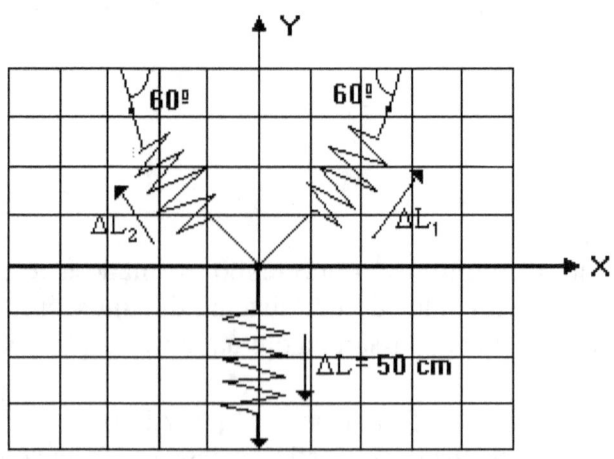

Prosseguindo com o cálculo das deformações resultantes dos componentes horizontais e verticais, cujas somas devem ser nulas:

$$\Sigma L_X = \Delta L_1 \cdot \cos 60° - \Delta L_2 \cdot \cos 60° = 0$$

De onde se conclui que:

$$\Delta L_1 = \Delta L_2$$

Portanto:

$$\Sigma L_Y = \Delta L_1 \cdot \cos 30° + \Delta L_2 \cdot \cos 30° - \Delta L = 0$$

Donde resulta que:

$$2 \cdot \Delta L_1 \cdot \sqrt{3}/2 = 50 \text{cm}$$

Logo vem que:

$$\Delta L_1 = \Delta L_2 = 50 \cdot \sqrt{3}/3 \text{ cm}$$

As condições de equilíbrio dinamoscópico traduzem certas relações existentes entre as forças aplicadas a um sistema dinamoscópico em equilíbrio. Na solução de problemas sobre equilíbrio dinamoscópico é de certa maneira essencial o traçado, com exatidão, de um diagrama onde cada força aplicada ao corpo é representada por um vetor e o mesmo se diga da deformação. O procedimento aconselhável e o seguinte:

a - Primeiro, fazer um croqui apresentável da associação particular de corpos dinamoscópicos;

b - Segundo, escolher o sistema dinamoscópico em equilíbrio e indicar todas as forças nele aplicada e indicar as deformações que resultam.

c - O diagrama deve ser suficientemente grande para evitar a superposição de indicações, são então escritos os valores das intensidades das forças, ângulos, de formações e as letras atribuídas às grandezas desconhecidas. Quando um sistema dinamoscópico apresenta vários membros, para cada um destes deve ser traçado um diagrama.

d - Escolher dois eixos retangulares em cada diagrama e indicar as componentes retangulares das forças e das deformações inclinadas em relação aos eixos indicado por meio de dois pequenos traços paralelos as forças e as deformações decompostas.

e - Obter as condições algébricas ou trigonométricas que decorrem da condição de equilíbrio:

1) $\Sigma \Delta F_X = 0$

2) $\Sigma \Delta F_Y = 0$

Quando as intensidades elásticas dos corpos dinamoscópicos são iguais, conclui-se que:

1) $\Sigma \Delta L_X = 0$

2) $\Sigma \Delta L_Y = 0$

5. Lei Geral das Associações Particulares

Suponha inicialmente que sobre um ponto material p sejam aplicadas simultaneamente duas forças (ΔF_1 e ΔF_2), conforme o esquema ilustrado na seguinte figura:

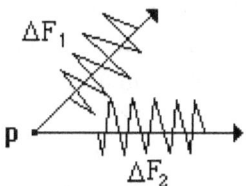

Compor as forças (ΔF_1 e ΔF_2) é determinar sua resultante; em outras palavras, é identificar a força (ΔF) que, agindo individualmente nesse ponto, produza o mesmo efeito que as duas forças, atuando simultaneamente, produzem no ponto. Dessa maneira, a intensidade de força (ΔF) resultante, deverá evidentemente substituir completamente o sistema de forças definido por (ΔF_1 e ΔF_2).

Para encontra a resultante (ΔF), basta representar as forças (ΔF_1 e ΔF_2) por segmentos orientados, os quais representam, pó sua vez, os lados de um paralelogramo; a diagonal desse mesmo paralelogramo é representada por um segmento orientado, com origem no próprio ponto (p), o qual representa a força resultante (ΔF).

Designando-se por (α) o ângulo formado entre (ΔF_1 e ΔF_2), por (α_1) e o ângulo entre (ΔF_1 e ΔF), por (α_2) o ângulo entre (ΔF_2 e ΔF) e tendo-se em conta a lei dos cossenos, a determinação da intensidade da força resultante em um sistema dinamoscópico de associação particular é feita pela expressão:

$$\Delta F^2 = \Delta F^2_1 + \Delta F^2_2 + 2 \cdot \Delta F_1 \cdot \Delta F_2 \cdot \cos \alpha$$

Devo observar que quando o número de forças aplicadas simultaneamente sobre um ponto for apreciável, a intensidade resultante dessas forças poderá ser obtida mediante a utilização sucessiva do princípio do paralelogramo, tantas vezes quantas necessárias.

Entretanto, esse processo é extremamente trabalhoso. Então para solucionar essa situação, deve-se empregar o processo conhecido com o nome de "poligonal vetorial".

O referido processo consiste em tomar como origem do sistema de forças um ponto "p" qualquer que corresponde ao próprio ponto de aplicação das forças; a partir de "p", são dispostos os segmentos orientados representativos das forças, de tal forma que cada lado da poligonal seja representado por um segmento orientado.

Certas vezes, entretanto, é conveniente calcular a resultante das forças que atuam sobre um ponto, utilizando-se um método analítico, denominado por "método das projeções".

Como já afirmei, o método das projeções consiste em projetar cada um dos segmentos orientados que representam as componentes segundo os dois eixos cartesianos (0X) e (0Y). Somando todas as projeções dos segmentos orientados segundo cada um dos eixos, obtemos em cada eixo a projeção da intensidade de força resultante.

6. Equilíbrio Dinamoscópico de um Ponto

Suponha-se que em um ponto de um sistema dinamoscópico esteja submetido à ação simultânea de (n) forças. Nessas condições, diz-se que o referido ponto estará em equilíbrio quando a resultante dessas (n) forças for igual a zero. Em um sistema dinamoscópico qualquer esse equilíbrio tende a ocorrer automaticamente. Pode-se então enunciar a proposição fundamental: "Em qualquer sistema dinamoscópico, o equilíbrio é automático e, é nula a resultante de todas as forças que sobre o mesmo atuam".

7. Teorema de Lamy

Observe o esquema indicado na seguinte figura:

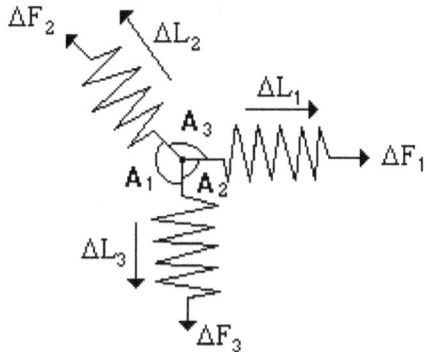

O teorema deduzido por Lamy é enunciado nos seguintes termos:

"Quando três forças concorrentes, (ΔF_1, ΔF_2 e ΔF_3), estão em equilíbrio dinamoscópico, a razão entre o módulo de cada força e o seno do ângulo oposto é constante".

$$\Delta F_1/\text{sen}A_1 = \Delta F_2/\text{sen}A_2 = \Delta F_3/\text{sen}A_3$$

8. Teorema de Leandro

Observando-se o esquema indicado na figura anterior, pode-se concluir que para corpos dinamoscópicos de mesmas intensidades elásticas é válido o teorema de Leandro enunciado nos seguintes termos:

"Quando três deformações concorrentes (ΔL_1, ΔL_2 e ΔL_3) de um sistema dinamoscópico de associação particular, em equilíbrio, a razão entre o módulo de cada deformação e o seno do ângulo oposto é constante".

O referido enunciado é expresso simbolicamente por:

$$\Delta L_1/\text{sen}A_1 = \Delta L_2/\text{sen}A_2 = \Delta L_3/\text{sen}A_3$$

9. Condições de Equilíbrio Dinamoscópico

Para que um sistema entre em equilíbrio dinamoscópico é necessário que obedeça duas condições que são necessárias e ao mesmo tempo suficientes; e são:

a) a soma das componentes das deformações no eixo dos $X = 0$;

b) a soma das componentes das deformações no eixo dos $Y = 0$.

Essas são as duas condições mínimas para que ocorra o equilíbrio dinamoscópico.

10. Lei de Leandro

Sabe-se pelo teorema de Lamy que:

$$\Delta F_1/\text{sen}A_1 = \Delta F_2/\text{sen}A_2 = \Delta F_3/\text{sen}A_3$$

Por intermédio de um tratamento matemático pode-se demonstrar que: numa igualdade o produto entre os termos externos é igual ao produto entre os termos internos.
Desse modo:

$$\Delta F_1/\text{sen}A_1 = \Delta F_2/\text{sen}A_2 = \Delta F_3/\text{sen}A_3$$

Logo vem que:

$$\Delta F_1 \cdot \text{sen}A_2 \cdot \Delta F_2 \cdot \text{sen}A_3 =$$

$$\Delta F_1/senA_1 = \Delta F_2/senA_2 = \Delta F_3/senA_3$$

$$\Delta F_2 \cdot senA_1 \cdot \Delta F_3 \cdot senA_2$$

Igualando convenientemente as referidas expressões, obtém-se:

$$\Delta F_1 \cdot senA_2 \cdot \Delta F_2 \cdot senA_3 = \Delta F_2 \cdot senA_1 \cdot \Delta F_3 \cdot senA_2$$

Porém a intensidade da variação da força é dada pela lei de Robert Hook:

$$\Delta F = K \cdot \Delta L$$

Portanto, resulta que:

$$K_1 \cdot \Delta L_1 \cdot senA_2 \cdot K_2 \cdot \Delta L_2 \cdot senA_3 =$$

$$K_2 \cdot \Delta L_2 \cdot senA_1 \cdot K_3 \cdot \Delta L_3 \cdot senA_2$$

Isto implica que:

$$1 = K_1 \cdot \Delta L_1 \cdot senA_2 \cdot K_2 \cdot \Delta L_2 \cdot senA_3/K_2 \cdot \Delta L_2 \cdot senA_1 \cdot K_3 \cdot \Delta L_3 \cdot senA_2$$

Reunindo os valores das constantes em um só local, resulta que:

$$1 = (K_1 \cdot K_2/K_2 \cdot K_3) \cdot (\Delta L_1 \cdot senA_2 \cdot \Delta L_2 \cdot senA_3/\Delta L_2 \cdot senA_1 \cdot \Delta L_3 \cdot senA_2)$$

Nos valores constantes, eliminando os termos em evidência, resulta que:

$$1 = K_1/K_3 \cdot \Delta L_1 \cdot senA_2 \cdot \Delta L_2 \cdot senA_3/\Delta L_2 \cdot senA_1 \cdot \Delta L_3 \cdot senA_2$$

Portanto, conclui-se que:

$$K_3 \cdot (\Delta L_2 \cdot senA_1 \cdot \Delta L_3 \cdot senA_2) = K_1 \cdot (\Delta L_1 \cdot senA_2 \cdot \Delta L_2 \cdot senA_3)$$

Porém, como:

$$K_3 = 1/i_3$$

$$K_1 = 1/i_1$$

Então, isto implica que:

$$1/i_3 \cdot (\Delta L_2 \cdot senA_1 \cdot \Delta L_3 \cdot senA_2) =$$

$$1/i_1 \cdot (\Delta L_1 \cdot senA_2 \cdot \Delta L_2 \cdot senA_3)$$

Logo resulta que:

$$(\Delta L_2 \cdot senA_1 \cdot \Delta L_3 \cdot senA_2) = i_3/i_1 \cdot (\Delta L_1 \cdot senA_2 \cdot \Delta L_2 \cdot senA_3)$$

Portanto, conclui-se que:

$$i_3/i_1 = \Delta L_2 \cdot senA_1 \cdot \Delta L_3 \cdot senA_2/\Delta L_1 \cdot senA_2 \cdot \Delta L_2 \cdot senA_3 =$$

$$\Delta L_3 \cdot senA_1/\Delta L_1 \cdot senA_3$$

Assim, a lei de Leandro passa a ser expressa pela seguinte relação:

$$i_3/i_1 = \Delta L_3 \cdot senA_1/\Delta L_1 \cdot senA_3$$

A referida relação é válida para qualquer corpo dinamoscópico associado particularmente. E de qualquer intensidade elástica.

Porém, quando os corpos dinamoscópicos associados apresentam as mesmas intensidades elásticas, resulta que:

$$1 = i_3/i_1 = \Delta L_2 \cdot senA_1 \cdot \Delta L_3 \cdot senA_2/\Delta L_1 \cdot senA_2 \cdot \Delta L_2 \cdot senA_3$$

Logo vem que:

$$\Delta L_2 \cdot senA_1 \cdot \Delta L_3 \cdot senA_2 = \Delta L_1 \cdot senA_2 \cdot \Delta L_2 \cdot senA_3$$

Portanto isto implica que:

$$\Delta L_1/senA_1 = \Delta L_2/senA_2 = \Delta L_3/senA_3$$

A referida demonstração vem a provar o teorema de Leandro e é sempre valido quando os corpos dinamoscópicos apresentam as mesmas intensidades elásticas, ou seja:

$$i_1 = i_2 = i_3$$

11. Lei de Leandro Para a Soma

Pelo teorema de Lamy, sabe-se que:

$$\Delta F_1/senA_1 = \Delta F_2/senA_2 = \Delta F_3/senA_3$$

Por intermédio de um tratamento matemático, é possível demonstrar que:

$$(\Delta F_1 \cdot senA_2) + (\Delta F_2 \cdot senA_3) = (\Delta F_2 \cdot senA_1) + (\Delta F_3 \cdot senA_2)$$

Porém (ΔL_1 e ΔL_2) podem ainda ser representadas por:

a) $\Delta L_1 = i_1 \cdot \Delta F_1$

b) $\Delta L_2 = i_2 \cdot \Delta F_2$

Substituindo os valores de (ΔL_1, ΔL_2, $\Delta L'_1$ e $\Delta L'_2$) na expressão (I), resulta que:

$$i_1 \cdot \Delta F_1 + i_2 \cdot \Delta F_2 = i_1 \cdot \Delta F + i_2 \cdot \Delta F$$

$$i_1 \cdot \Delta F_1 + i_2 \cdot \Delta F_2 = (i_1 + i_2) \cdot \Delta F$$

$$\Delta F = i_1 \cdot \Delta F_1 + i_2 \cdot \Delta F_2 / i_1 + i_2$$

Esta é a expressão de Leandro que fornece a intensidade de força comum dos dois corpos dinamoscópicos, após o equilíbrio dinamoscópico dos corpos dinamoscópicos terem sido atingidos. A referida expressão se aplica perfeitamente nas chamadas pontes de Leandro.

Considere agora três corpos dinamoscópicos de intensidade elástica (i_1, i_2 e i_3), submetidos a uma deformação (ΔL_1, ΔL_2 e ΔL_3) às intensidades de forças (ΔF_1, ΔF_2 e ΔF_3), respectivamente, de acordo com a seguinte figura:

Supondo estes corpos bem afastados, vou liga-los através de fios rígidos de intensidades elásticas desprezíveis. A diferença de intensidade de força entre os referidos corpos determina o que denominei por fluxo de forças. Este fenômeno é transitório, cessando, quando os corpos dinamoscópicos atingirem a mesma intensidade de força, isto é, quando for estabelecido o equilíbrio dinamoscópico dos corpos. Nestas condições, seja (ΔF) a intensidade de força convém e (ΔL'₁, ΔL'₂ e ΔL'₃) as novas deformações, de acordo com o indicado na seguinte figura:

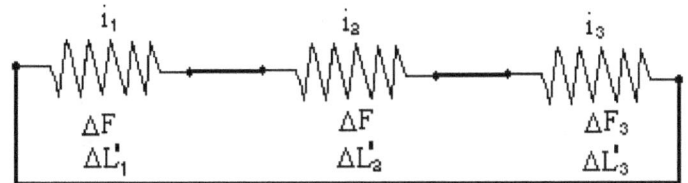

Pelo princípio da conservação da deformação elástica que tive o prazer de estabelecer no início do presente capítulo:

$$\Delta L'_1 + \Delta L'_2 + \Delta L'_3 = \Delta L_1 + \Delta L_2 + \Delta L_3$$

Mas

$$\Delta L'_1 = i_1 \cdot \Delta F$$
$$\Delta L'_2 = i_2 \cdot \Delta F$$
$$\Delta L'_3 = i_3 \cdot \Delta F$$

Portanto

$$i_1 \cdot \Delta F + i_2 \cdot \Delta F + i_3 \cdot \Delta F = \Delta L_1 + \Delta L_2 + \Delta L_3$$

$$\Delta F \cdot (i_1 + i_2 + i_3) = \Delta L_1 + \Delta L_2 + \Delta L_3$$

Portanto vem que:

$$\Delta F = \Delta L_1 + \Delta L_2 + \Delta L_3 / i_1 + i_2 + i_3$$

Sendo que:

$$\Delta L_1 = i_1 \cdot \Delta F_1$$
$$\Delta L_2 = i_2 \cdot \Delta F_2$$
$$\Delta L_3 = i_3 \cdot \Delta F_3$$

Então se tem:

$$\Delta F = i_1 \cdot \Delta F_1 + i_2 \cdot \Delta F_2 + i_3 \cdot \Delta F_3 / i_1 + i_2 + i_3$$

Determinando a variação da intensidade de força (ΔF), obtêm-se as novas deformações:

a) $\Delta L'_1 = i_1 \cdot \Delta F$

b) $\Delta L'_2 = i_2 \cdot \Delta F$

c) $\Delta L'_3 = i_3 \cdot \Delta F$

Por fim, generalizando essa expressão para o caso de (n) corpos dinamoscópicos em equilíbrio, tem-se:

$$\Delta F = \Sigma\, i_i \cdot \Delta F_i / \Sigma i_i$$

Para $i = 1, 2, 3..., n$

Também é válida a seguinte expressão generalizada:

$$\Delta F = \Sigma \Delta L_i / \Sigma i_i$$

Para $i = 1, 2, 3..., n$

CAPÍTULO X
Intensidades Elásticas

1. Introdução

No presente capítulo, busco estudar as leis da intensidade elástica dos sólidos, procurando determinar os mais diferentes fatores que influem na elasticidade de um dado material dinamoscópico.

2. Sistema Elástico

Denominei por "sistema elástico" ou "sistema dinamoscópico" o conjunto de corpos dinamoscópicos, onde se pode estabelecer a ação de uma força.

Considero que imprimir uma força é efetuar a ligação da ação dessa força a um ou vários corpos dinamoscópicoas, que pelos efeitos assumidos por esses corpos, pode-se verificar a ação da intensidade de força que atua sobre ele.

Dessa maneira, conforme o que foi dito anteriormente, um sistema elástico é constituído pela interligação de vários bipolos elásticos. Os sistemas dinamoscópicos mais elementares compõem-se essencialmente de três elementos distintos, a saber:

a - Uma dada intensidade de força;

b - Um corpo dinamoscópico perfeitamente elástico;

c - Fios rígidos de ligação.

Esses "fios rígidos de ligação" são geralmente fio de aço, e, nos corpos dinamoscópicos, como por exemplo, uma mola de aço enrrolada em espiral longitudinal, os fios de ligação correspondem aos extremos dos terminais dos corpos dinamoscópicos.

3. Bipolos

Todos os sistemas elásticos são compostos de um conjunto de elementos fundamentais, que chama por "corpo dinamoscópico" ou "bipolos". O nome "bipolos" deriva do fato de apresentarem dois terminais, ou como se queira, dois extremos, pelos quais são inseridos no sistema.

4. Elasticidade

Nos corpos dinamoscópicos, em geral, a ação de uma intensidade de força provoca o efeito da deformação elástico.

Essa deformação dinamoscópica é tanto maior, quanto maior for a elasticidade do corpo dinamoscópico. Naturalmente, essa elasticidade de pende de vários fatores que "constituem" o corpo dinamoscópico e de uma série de fatores de caráter externo que "influem" o mesmo corpo dinamoscópico.

Considere uma intensidade de força imprimida em um corpo dinamoscópico qualquer. É extremamente fácil compreender a existência da necessidade de se exercer uma força para manter a deformação, indica que o corpo dinamoscópico oferece certa oposição à deformação. Essa dificuldade em provocar uma deformação maior ou menor com uma mesma intensidade de força é de maneira geral, denominada por elasticidade do corpo dinamoscópico.

5. Corpos Dinamoscópicos e Características Gerais

Denomina-se "corpo dinamoscópico", qualquer material deformável sob a ação de forças. No presente capítulo o corpo dinamoscópico em debate é aquele cuja elasticidade é perfeita e, portanto o efeito da força imprimida corresponde exclusivamente em deformação. E na ausência da força deformadora, o corpo dinamoscópico restitui-se ao seu estado natural de equilíbrio.

Dentro de certo limite são exemplos de corpos dinamoscópicos perfeitamente elásticos:

a) molas de aço de espiras longitudinais e de espiras transversais, molas helicoidais etc.

b) Fios elásticos de origem mineral ou vegetal.

c) Metais em geral.

d) Genericamente, os materiais dinamoscópicos gasosos não são simples corpos dinamoscópicos, pois neles ocorrem além do efeito dinamoscópico, outros efeitos, como o químico, o da pressão, por exemplo.

Uma força pode modificar as dimensões e a forma de um corpo dinamoscópico. Resultam-se deformações que dependem das intensidades das forças imprimidas.

As deformações são elásticas quando as forças forem nulas, o corpo dinamoscópico restitui ao seu estado primitivo. As deformações são permanentes quando a força ou o volume adquirido pelo corpo dinamoscópico persistem, mesmo com o desaparecimento da ação da força.

Uma lâmina chata de aço, tal qual a de uma serra, apresenta deformação perfeitamente elástica, pois, fixando-a verticalmente em um torno de bancada, como o indicado na seguinte figura:

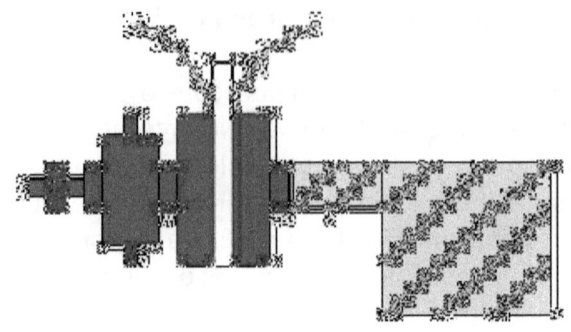

Pode-se observar que quando a lamina é vergada para qualquer um dos sentidos a uma distância diferente de sua posição de equilíbrio, notar-se-á que, cessada a ação da força ela retorna sempre a forma primitiva. Ou seja, o corpo fica então sob a ação de uma força elástica restauradora exercida pela lamina e dirigida para a posição inicial ou posição de equilíbrio. O mesmo fenômeno ocorre se ela for comprimida entre dois dedos, tornando-a pelas extremidades. Uma lamina de chumbo não apresenta um grande campo elástico, de forma que uma intensidade de força mínima suficiente para verga-la produz deformação permanente e a forma resultante é definitiva.

Com certa frequência verifica-se que a maior parte dos materiais existentes na natureza apresenta de certa forma, uma deformação perfeitamente elástica.

Também, na natureza os corpos elásticos podem sofrer deformações permanentes. Porém, estas dependem da natureza do tratamento anterior do corpo dinamoscópico. Por exemplo, o referido limite varia consideravelmente do aço, para o vidro, platina etc.

Pude verificar experimentalmente, que os metais em geral são corpos dinamoscópicos perfeitamente elásticos. Isto naturalmente, dentro de certos limites elásticos. As experiências largamente mostram que os metais laminados e os fundidos apresentam diferentes limites elásticos, os diversos tipos de materiais também e assim por diante.

Certas substâncias quebram-se antes mesmo de apresentarem deformações permanentes apreciáveis. É o tenho verificado com o vidro, e com certos aços de têmpera especial, na temperatura ambiente. Conclui-se então, que as deformações elásticas são perfeitamente caracterizadas pelo campo que corresponde ao limite de elasticidade e é representado pelo valor máximo de intensidade de força que suporta, antes de adquirir as chamadas "deformações permanentes".

Conhecido os postulados e os fenômenos descritos até o presente momento do estágio de evolução deste livro. Neste e nos próximos capítulos em especial, passarei a estabelecer as quatro relações fundamentais da elasticidade. Essas relações são as denominadas "leis de Leandro" e versam sobre os mais diferentes fatores que influem nas deformações registradas. Os metais e o vidro, apesar de serem corpos dinamoscópicos perfeitamente elásticos, apresentam deformações relativamente diminutas comparando-as com as altíssimas intensidades de forças imprimidas no processamento dessas deformações.

Registrando-se então as deformações que resultam de um corpo dinamoscópico, sobre o eixo vertical de um sistema de coordenadas e as correspondentes intensidades de forças no eixo horizontal. Então a curva resultante é indicada pelo seguinte gráfico:

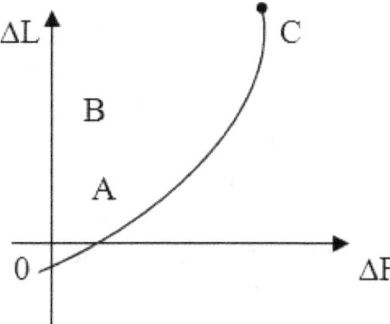

O referido gráfico vem a mostrar a deformação de um metal que apresenta genericamente as seguintes características:

a) A primeira parte da curva, que está compreendida no intervalo "O" para "A" ($\overline{OA}$), é uma linha reta; evidentemente nesta região existe uma relação linear entre a deformação por tração e a intensidade de força imprimida nos respectivos intervalos da deformação.

Caso a deformação não exceder a correspondente ao ponto (A), o corpo dinamoscópico retorna ao comprimento inicial, quando a intensidade da força for nula (F = 0). Em outros termos, diria que a porção da curva $\overline{OA}$ é a região de elasticidade perfeita.

b) A partir do ponto (A) os pontos que se seguem deixam de estar na linha $\overline{OA}$ e constituem uma curva até o ponto (B). No intervalo $\overline{AB}$, as deformações resultantes serão permanentes; com efeito, basta simplesmente retirar a ação da fora, para verificar que a deformação do corpo dinamoscópico não volta ao comprimento inicial. Desse modo costumo afirmar que o ponto "A" define assim o limite de elasticidade do corpo dinamoscópico.

c) Finalmente, quando a deformação aumenta suficientemente, registrar-se-á a ruptura do corpo dinamoscópico no ponto "C". Ou dizendo de outra maneira, a região de (B) em diante é a fronteira correspondente ao coeficiente de ruptura.

No entanto, no presente momento dedicarei-me a realizar experiências e estudos no limite que compreende as deformações perfeitamente elásticas. Deixando as deformações permanentes para um estudo posterior.

6. Limite de Elasticidade

Pode ser definido, quantitativamente, do seguinte modo: Limite de elasticidade de um corpo dinamoscópico é a maior deformação por tração ou compressão a que se pode submeter um corpo constituído da substância dinamoscópica considerada, sem que ele adquira uma deformação permanente. Isto simplesmente quer dizer que o limite de elasticidade de uma substância é a menor deformação por tração capaz de provocar em um corpo, constituído da substância considera, uma deformação permanente.

7. Definição de Fusão Dinamoscópica

Fusão dinamoscópica é a passagem de uma deformação da fase perfeitamente elástica para a fase permanente. A intensidade da força imprimida na qual o corpo se funde é conhecida como ponto de fronteira.

8. Intensidade Elástica. Primeira Lei de Leandro

Qualitativamente a intensidade elástica de um corpo dinamoscópico caracteriza a maior ou menor deformabilidade que esse corpo dinamoscópico apresenta ao ser submetido a ação de uma dada intensidade de força. Assim, aplicando-se a um corpo dinamoscópico, uma determinada intensidade de força, a deformação resultante será tanto maior quanto maior for a intensidade elástica desse corpo.

Considere, então, um corpo dinamoscópico preso por uma de suas extremidades a um referencial fixo, mantendo o comprimento inicial (L_0) constante, ao ser submetido à ação da intensidade de uma força (F), ocorre o aparecimento de uma deformação (ΔL) entre seus terminais.

Procedendo-se da mesma maneira para outro corpo dinamoscópico distinto, verificar-se-á que este sofre uma maior ou menor deformação em relação ao primeiro. Ou seja, os corpos dinamoscópicos apresentam uma elasticidade. A grandeza que mede a elasticidade dos corpos dinamoscópicos denomina intensidade elástica.

A primeira lei de Leandro relaciona a variação da deformação de um corpo dinamoscópico com a intensidade de força imprimida no processamento da referida deformação.

Mudando-se a intensidade da força imprimida, sucessivamente, para (ΔF_1; ΔF_2;...; ΔF_{n-1}); (ΔF_n) um corpo dinamoscópico passa a sofrer respectivamente uma deformação (ΔL_1; ΔL_2;...; ΔL_{n-1}; ΔL_n).

Pude verificar experimentalmente que, o quociente entre a variação da deformação (ΔL), inversa pela respectiva intensidade de força é uma constante característica do corpo dinamoscópico considerado:

$$\Delta L/\Delta F = \Delta L_1/\Delta F_1 = \Delta L_2/\Delta F_2 = \ldots = \Delta L_{n-1}/\Delta F_{n-1} = \Delta L_n/\Delta F_n$$

Desse modo, quantitativamente, a intensidade elástica é definida como a relação entre a deformação resultante entre as extremidades do corpo dinamoscópico e a intensidade de força que o imprime. Representando por (i) a intensidade elástica, por (ΔL), a deformação resultante e por (ΔF) a intensidade de força imprimida, tem-se de acordo com a definição acima:

$$i = \Delta L/\Delta F$$

Assim, para determinar a intensidade elástica, tomados a um corpo dinamoscópico constante, o quociente entre a variação da deformação e a respectiva intensidade de força imprimida é constante.

$\Delta L \cdot \Delta F^{-1}$ = constante de proporção direta entre (ΔL) e (ΔF) é caracterizada por (i), denominada intensidade elástica.

Dessa maneira, a grandeza (i), assim introduzida, foi denominada por intensidade elástica do corpo dinamoscópico. A intensidade elástica não depende da intensidade de força aplicada ao corpo dinamoscópico e nem da deformação pro ele sofrida; ela depende das características internas e externas que influem diretamente em sua elasticidade.

A intensidade elástica mede a elasticidade de um corpo dinamoscópico, ela é tanto maior quanto maior for a deformação e menor quanto maior for a intensidade de força imprimida.

As expressões matemáticas vistas a pouco simbolizam a primeira lei de Leandro, que relaciona a deformação sofrida por um corpo dinamoscópico com a ação da força imprimida, podendo, assim, ser enunciada:

"Desde que seja mantida constante a temperatura, o quociente, entre a variação da deformação (ΔL) resultante nos terminais de um corpo dinamoscópico, inverso pela intensidade de força que lhe é impressa, é constante e igual à intensidade elástica do corpo dinamoscópico".

O aumento de temperatura é como será observado, um dos elementos responsável pelo aumento da intensidade elástica.

9. Classificação Geral dos Corpos Dinamoscópicos

A classificação dos corpos dinamoscópicos são as seguintes:

Elemento Elástico Linear

É o corpo dinamoscópico que obedece às leis da elasticidade perfeita e, portanto, possui intensidade elástica uniforme.

Elemento Elástico Alinear

É o corpo dinamoscópico que não obedece às leis totais da elasticidade.

10. Unidade de Intensidade Elástica

A intensidade elástica de um corpo dinamoscópico pode ser avaliada ou medida com grande precisão.

Para medir uma grandeza qualquer, a primeira coisa a fazer é escolher uma unidade de medida.

Espero que no Sistema Internacional, a unidade de intensidade elástica seja denominada por "Leandro", cujo símbolo se representa por ε (letra greta denominada epsilon), definida como a intensidade elástica de um corpo dinamoscópico do sistema, tal que uma variação de deformação constante é igual a 1 metro aplicada em um de seus terminais uma força de intensidade invariável é igual a 1 Newton, sendo $1\ \varepsilon = 1m/1N$.

É de emprego frequente um múltiplo do Leandro: o quilo-leandro ($K\varepsilon$), que vale:

$$1K\varepsilon = 10^3\ \varepsilon$$

Deve-se considerar, também, uma relação de unidades muito práticas para exercícios: a partir da ($\Delta L = \Delta F \cdot i$), decorre que:

$$1m = 1\varepsilon \cdot 1N$$

$$1m = 1000\varepsilon \cdot 1/1000N = 10^3\varepsilon \cdot 10^{-3}N$$

Portanto vem que:

$$1m = 1K\varepsilon \cdot 10^{-3}N$$

Outro múltiplo de Leandro que apresenta certa importância e o seguinte:

$$1 \text{ megaleandro} = 1 \text{ M}\varepsilon = 10^6 \varepsilon$$

Na prática, encontram-se intensidades elásticas desde frações mínimas de leandros até vários milhões de leandros: um fio de aço de um metro de comprimento e um milímetro quadrado de seção, possui intensidade elástica de apenas $0,54.10^{-5}$ leandros.

Existem instrumentos que desenvolvi especialmente para a dinamoscópia, que podem medir diretamente a intensidade elástica dos corpos dinamoscópicos: esse instrumento chama-se genericamente leandrimetro. Entretanto, a intensidade elástica de um corpo dinamoscópico pode também ser determinada pelo cálculo, como será verificado oportunamente.

11. Representação Gráfica

No caso dos corpos dinamoscópicos é extremamente importante conhecer os seguintes pontos:

a) **Representação esquemática**

b) **Representação gráfica**

Representação Esquemática

Os sistemas dinamoscópicos podem ser representados graficamente por meio de desenhos em perspectiva ou por meio de esquemas.

Trata-se apenas de um símbolo convencional para o reconhecimento do corpo dinamoscópico dentro do esquema de um sistema elástico.

O corpo dinamoscópico é representado pelo seguinte símbolo, colocando-se, ao lado, o valor de sua intensidade elástica.

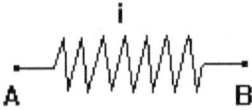

Quando a intensidade elástica é muito pequena; ou seja, nos casos em que a intensidade elástica é desprezível, como nos fios rígidos, que servem de ligação dos elementos do sistema elástico, são representados por uma linha contínua. De acordo com o esquema indicado na seguinte figura:

Nestas condições, os fios indeformáveis são denominados simplesmente por "sólidos lineares", e como se sabe, sua única finalidade é ligar os elementos do sistema dinamoscópico.

Desse modo, pode-se genericamente concluir que nos sólidos líneares, o efeito é praticamente desprezível.

Representação Gráfica

Neste presente índice procuro analisar, graficamente, a variação da deformação existente entre os terminais de um corpo dinamoscópico, em função da intensidade da força que o imprime.

Estes gráficos apresentam uma curva que é classificada por "curva característica dos corpos dinamoscópicos perfeitamente elásticos", são extremamente útil e importante na prática. Pois, a curva característica dos corpos constituídos a partir de dados experimentais.

Considerações Iniciais

A variação da deformação resultante nos terminais de um corpo dinamoscópico perfeitamente elástico, em função da intensidade de força que lhe é impressa, pode ser exprimida através da "forma analítica" ou por intermédio da "forma gráfica". Na forma analítica, ela é a que a ação que corresponde à característica do corpo dinamoscópico, já observada e estudada em índices anteriores. E a forma gráfica dessa equação é uma curva denominada por "característica do corpo dinamoscópico perfeitamente elástico".

12. Características de Corpos Dinamoscópicos Lineares e Alineares

A primeira lei de Leandro para a elasticidade dos corpos é considerada como a equação de um corpo dinamoscópico perfeitamente elástico, de intensidade elástica (i):

$$\Delta L = i \cdot \Delta F$$

Para um corpo dinamoscópico a intensidade elástica; um gráfico da variação da deformação em função da intensidade de força (F) mostra uma reta, o que vem a justificar a própria denominação de "linear". Pois de acordo com o conceito, uma função linear entre duas variáveis (X e Y) é a expressão (Y = K . X), onde a letra (K) representa uma constante de proporcionalidade. O gráfico da referida função é uma reta que passa pela origem e cujo coeficiente angular é o valor de (K).

Portanto, neste caso tem-se uma função linear entre a variação da deformação e a intensidade de força imprimida (Y = ΔL; X = F e K = i) e, por esse motivo, um corpo dinamoscópico perfeitamente elástico é também chamado por "corpo dinamoscópico linear".

O seguinte gráfico, cuja variação da deformação (ΔL) em função da intensidade de força (F) imprimida no processamento da referida deformação é uma reta que passa pela origem do gráfico, constituindo, assim, a característica de um corpo dinamoscópico perfeitamente elástico. Isto é, a característica de um corpo dinamoscópico perfeitamente elástico é sempre um segmento de reta, passando pela origem do gráfico. Dessa maneira, para esses corpos dinamoscópicos, quando a intensidade de força imprimida for nula, (F = 0) não haverá deformação nesse corpo ($\Delta L = 0$). Sempre que a característica de um corpo dinamoscópico perfeitamente elástico passar pela origem, esse corpo é chamado genericamente por corpo dinamoscópico passivo. As deformações por tração, em geral, resultam de corpos dinamoscópicos passivos. Os corpos dinamoscópicos perfeitamente elásticos, além de passivos são lineares.

Existem corpos dinamoscópicos e deformações cuja característica não passa pela origem. São aquelas deformações e corpos dinamoscópicos que chamo de ativos.

Na curva característica de um corpo dinamoscópico perfeitamente elástico, indicada no gráfico que se segue. Então, passarei a calcular a (tgα), onde (α) é o ângulo assinalado.

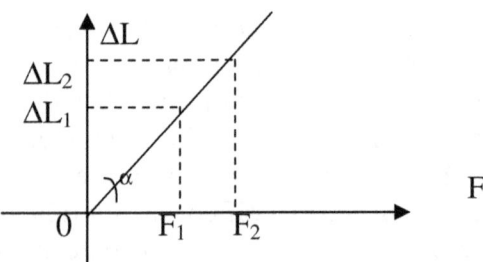

Neste gráfico verifica-se que o coeficiente angular da reta é numericamente igual ao valor da intensidade elástica do corpo dinamoscópico perfeitamente elástico.

$$i = (\Delta L / \Delta F) \equiv \text{tg}\alpha$$

Observe que esta conclusão pode ser generalizada; ou seja, na curva característica de um corpo dinamoscópico perfeitamente elástico.

$$i \equiv \text{tg}\alpha$$

Na prática, um corpo dinamoscópico perfeitamente elástico se comporta como tal apenas dentro de certos limites; ou seja, para forças abaixo de certa intensidade. Pois acima de um determinado valor a força produz uma excessiva deformação no corpo dinamoscópico podendo rompê-lo, ou então provocar deformações permanentes que no caso não obedece a primeira lei de Leandro. Assim, na prática, a característica de um corpo dinamoscópico deve-se estender apenas dentro dos limites de utilização prática.

Para os corpos dinamoscópicos, ou melhor, para os bipolos que não obedecem às leis da elasticidade perfeita, como por exemplo, o caso dos corpos dinamoscópicos fora dos limites de elasticidade; ou seja, fora do regime elástico. A característica passa pela origem, porém não corresponde a uma reta. Estes corpos dinamoscópicos podem ser denominados por "elementos elásticos alineares", sendo que, para eles, deve-se definir uma intensidade elástica aparente.

Desse modo, estou simplesmente afirmando, que se define não uma intensidade elástica, como ocorre com os corpos dinamoscópicos dentro dos limites das deformações elásticas; mas, sim uma intensidade elástica aparente em cada ponto da curva, ao quociente, de tal modo que:

$$i_{ap} = \Delta L / \Delta F$$

$$i'_{ap} = \Delta L' / \Delta F'$$

Observe o elemento elástico alinear no próximo gráfico:

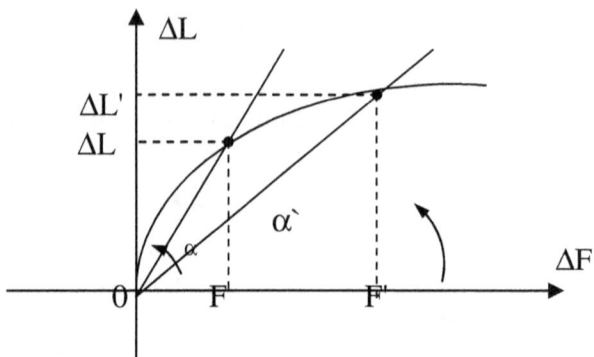

Naturalmente, nesse caso em especial, a dependência da variação da deformação em função da variação da intensidade de força não é linear, o que faz com que em determinada parte do gráfico, cuja variação da deformação pela variação da intensidade da força tem aspecto de uma curva qualquer; evidentemente dependendo das condições encontradas em cada situação. Essa curva qualquer se estende no intervalo compreendido entre o limite de elasticidade ao ponto de ruptura do corpo dinamoscópico.

Nos corpos dinamoscópicos de elemento elástico anilear, a característica é sempre determinada experimentalmente. E a intensidade elástica em cada ponto será numericamente igual ao coeficiente angular da reta recante que passa pela origem e pelo ponto considerado.

Assim, posso escrever matemática que:

$$i_{ap} = tg\alpha$$

$$i'_{ap} = tg\alpha'$$

Do que foi afirmado, conclui-se que a Lei de Leandro não se aplica a todas as substâncias dinamoscópicas. Isso porque existem alguns materiais em certo limite no qual a intensidade elástica não se mantém constante com a variação da deformação. Nestes termos, também costumo afirmar que essas substâncias são "não-leandrinas", em oposição àquelas que obedecem à Lei de Leandro e são denominadas como substâncias "leandrinas" ou como se queira "lineares".

Apresentarei abaixo três gráficos (ΔL x ΔF), relativos a três substâncias dinamoscópicas diferentes (A, B e C) em três limites elásticos distintos. Analisando-os, pode-se saber se eles se referem aos limites leandrino ou não-leandrinos.

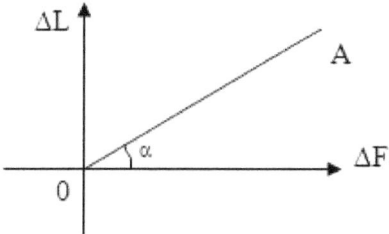

O limite elástico da substância (A) é leandrino, pois seu gráfico é uma reta que passa pela origem dos eixos. Isso significa que sua intensidade elástica é constante, independentemente da intensidade de força imprimida nos terminais do corpo dinamoscópico.

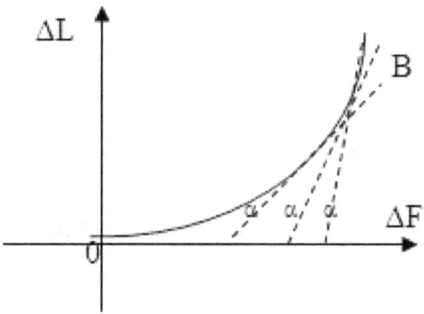

O limite elástico da substância dinamoscópica (B) é não-leandrina, pois sua intensidade elástica vai aumentando de acordo com o aumento da deformação resultante entre os terminais do corpo dinamoscópico. Isso é facilmente constatado pelo aumento da declividade da tangente traçada em cada ponto da curva.

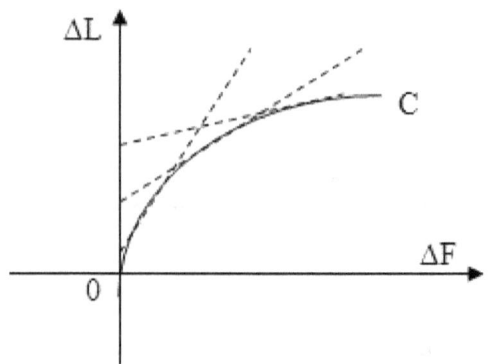

O limite elástico da substância dinamoscópica C também é não-leandrina, pois sua intensidade elástica vai diminuindo com o aumento da deformação resultante nos terminais do corpo dinamoscópico. Isso é verificado ao examinar a declividade da tangente aos vários pontos da curva.

Simplificadamente cada classe de corpos dinamoscópicos é caracterizado pela sua "curva característica", que nada mais é que a descrição gráfica de seu comportamento elástico.

Como já afirmei, para os corpos dinamoscópicos perfeitamente elásticos, tal curva é uma reta que passa pela origem. A tangente do ângulo (α), que dá a conhecer a inclinação da reta em relação ao eixo das abscissas, fornece a intensidade elástica do corpo dinamoscópco considerado.

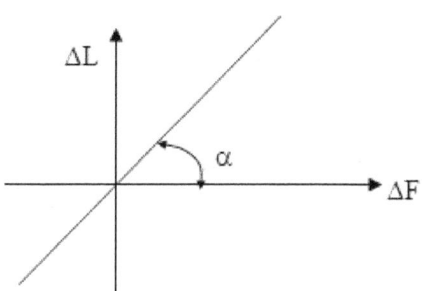

As grandezas que intervém no comportamento de um corpo dinamoscópico são a deformação resultante entre seus terminais e a intensidade de força que o imprime. Esse comportamento pode ser perfeitamente registrado em um diagrama de deformação por força; a curva que resulta desse diagrama recebe a denominação de "curva característica do corpo dinamoscópico". Ela pode ser utilizada como um cartão de identificação do corpo dínamoscópico. Tal assume sua importância técnica.

A grande maioria dos dados de que um projetista poderia lançar a mão para empregar um corpo dinamoscópico em um sistema qualquer pode ser extraída de sua curva característica.

13. Constante Elástica do Corpo Dinamoscópico

Como já se sabe a constante elástica de um corpo dinamoscópico perfeitamente elástico é definido como sendo o inverso da intensidade elástica. Assim, se representa por (i) a intensidade elástica e por (K) a constante elástica de um corpo dinamoscópico submetido à ação de uma intensidade de força (ΔF) que provoca o aparecimento de uma variação de deformação (ΔL), tem-se então que:

$$K = 1/i = \Delta F/\Delta L$$

14. Unidade de Constante Elástica

A unidade da constante elástica de um corpo dinamoscópico perfeitamente elástico no "Sistema Internacional" é o Newton por metro; dina por centímetro e relação dessas duas unidades:

N/m; d/cm; N/cm. d/m etc

Deve-se observar que se a intensidade elástica indica a maior ou menor facilidade com que um corpo dinamoscópco se deixa deformar, a constante elástica dá uma indicação da oposição oferecida pelo corpo dinamoscópico à deformação resultante.

Para finalizar este assunto, é oportuno fazer uma observação que permite estender as noções de intensidade elástica e constante elástica dos corpos dinamoscópicos perfeitamente elásticos. De fato, as definições vistas podem ser aplicadas genericamente a todos os corpos dinamoscópicos perfeitamente elásticos, chamados, bipolos passivos.

CAPÍTULO XI
Primeira e Segunda Lei

1. Introdução

As experiências têm mostrado que a intensidade elástica de um corpo dinamoscópico perfeitamente elástico depende de suas dimensões e da natureza do material do qual ele é constituído. Um fio de aço, por exemplo, tem menor intensidade elástica do que outro de formato idêntico, porém feito de ferro.

Seja então, considerado um corpo dinamoscópico de seção reta uniforme homogênea de comprimento inicial (L_0).

Pela primeira Lei de Leandro, sabe-se que a intensidade elástica é igual à variação de deformação elevada ao quociente, inversa pela variação da intensidade de força imprimida correspondente a essa deformação.

Simbolicamente, a referida lei é expressa pela seguinte relação:

$$i = \Delta L / \Delta F$$

Por outro lado, a lei da deformação linear permite afirmar que: "A variação de deformação de um corpo dinamoscópico perfeitamente elástico é igual ao coeficiente de deformação linear em produto com o comprimento inicial do corpo dinamoscópico pela variação da intensidade de força correspondente à deformação resultante".

A referida lei é expressa simbolicamente por:

$$\Delta L = h \cdot L_0 \cdot \Delta F$$

Portanto sua intensidade elástica é então expressa pela seguinte relação:

$$i = \Delta L / \Delta F$$

Porém como a deformação é expressa por ($\Delta L = h \cdot L_0 \cdot \Delta F$), então, substituindo convenientemente, resulta que:

$$i = h \cdot L_0 \cdot \Delta F / \Delta F$$

Eliminando-se os termos em evidência, que no caso é caracterizado pela variação da intensidade de força, obtém-se:

$$i = h \cdot L_0$$

Desse modo, a segunda lei de Leandro reza a seguinte oração:
"A intensidade elástica (i) de um corpo dinamoscópico é igual ao coeficiente de deformação linear (h) pelo produto do comprimento inicial (L_0) do corpo dinamoscópico em discussão".

Sejam dois fios elásticos de mesmo material dinamoscópico e da mesma espessura, isto é, com a mesma área da seção reta, sendo um de comprimento inicial (L_0) e outro ($2L_0$).

Quanto maior o comprimento do corpo dinamoscópico, tanto maior será a intensidade elástica que ele apresenta. Como o fio ($2L_0$) é duas vezes mais comprido que o fio (L_0), a intensidade de força imprimida vai encontrar duas vezes menos dificuldades para deforma-la, ou seja, sua intensidade elástica será duas vezes maior. Isso porque imprimida será distribuída uniformemente entre os átomos que compõem a estrutura molecular, e nesse caso cada átomo ficará submetido à apenas a uma pequena intensidade de força e consequentemente muitos átomos vão deslocar-se apenas uma pequena fração do seu centro de equilíbrio. E cada átomo apresenta penas uma pequena intensidade de força que o mantém naquela nova posição de equilíbrio dinamoscópico. Evidentemente, a somatória das forças de cada um dos átomos resulta na intensidade de força elástica que o sistema exerce sobre a intensidade de força imprimida.

Porém, do ponto de vista macroscópico, considerando dois corpos dinamoscópicos feitos do mesmo material e tendo o mesmo diâmetro, ou melhor, tendo a mesma seção (a seção de um corpo dinamoscópico corresponde à área do seu corte transversal), apresentará maior intensidade elástica o corpo dinamoscópico que apresentar maior comprimento inicial.

O coeficiente de deformação linear, além de depender do material que constitui o corpo dinamoscópico, depende também de alguns outros fatores de origem externas, como por exemplo, a temperatura. O coeficiente de deformação linear de um corpo dinamoscópico perfeitamente elástico é determinado apenas experimentalmente e como já afirmei, depende da temperatura em que o referido corpo se encontra submetido. De forma genérica, os corpos dinamoscópicos aumentam de coeficiente de deformação linear, quando se encontram submetidos à ação de uma variação de temperatura superior a anterior.

O coeficiente de deformação linear revela com grandes resultados se o material dinamoscópico é um bom ou mau deformador.

Por outro lado a constante elástica ou constante de Hook de um corpo dinamoscópico perfeitamente elástico permite escrever que:

$$K = \Delta F / \Delta L$$

$$K = \Delta F / h \cdot L_0 \cdot \Delta F$$

Logo resulta na seguinte expressão:

$$K = 1/h \cdot L_0$$

Uma aplicação pratica da segunda lei de Leandro é a construção dos fabulosos reostatos dinamoscópicos, ou reostatos de Leandro, que são corpos dinamoscópicos de intensidades elásticas variáveis.

No capítulo que se seguirá, vou procurar desenvolver a teoria dos reostatos dinamoscópicos, pois creio que no campo industrial esses reostatos apresentar-se-ão sob as formas mais variadas.

2. Gráfico da Segunda Lei de Leandro

A segunda lei de Leandro é também uma equação de um corpo dinamoscópico, de intensidade elástica (i) (i = h . L_0).

Tem-se uma função linear entre a intensidade elástica e o comprimento inicial (Y = i, x = L_0, K = h).

Na figura que se segue o gráfico de i em função de (L_0) é uma reta que passa pela origem, constituindo, assim a característica de um corpo dinamoscópico.

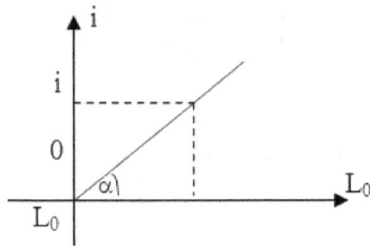

O coeficiente angular da reta é numericamente igual ao coeficiente de deformação linear do corpo dinamoscópico.

Simbolicamente, o referido enunciado é expresso por:

$$Tg\alpha = h = i/L_0$$

A mudança de sinal das coordenadas significa inversão no sentido da deformação.

3. Sinais da Intensidade Elástica

Pela primeira lei de Leandro a intensidade elástica de um corpo dinamoscópico é igual ao quociente da variação da deformação, inversa pela variação da intensidade de força imprimida.

Simbolicamente, o referido enunciado é expresso por:

$$i = \Delta L / \Delta F$$

Note que na definição de intensidade elástica que (ΔF) é sempre positivo. Pois é a diferença entre a intensidade de força posterior (F) e a intensidade de força anterior (F_0). Já a deformação elástica resultante ($\Delta L = L - L_0$) pode ser positiva, se ($L > L_0$); negativa, se ($L < L_0$) e, eventualmente nulo, quando a deformação retorna a sua posição de equilíbrio ($L = L_0$). O sinal de (ΔL) determina o sinal da intensidade elástica.

a - Uma intensidade elástica positiva indica que o corpo está submetido a uma deformação por tração, seu comprimento cresce algebricamente no processamento da intensidade de força imprimida no corpo dinamoscópico.

b - Uma intensidade elástica negativa indica que o corpo dinamoscópico está submetido a uma deformação por compressão, seu comprimento decresce algebricamente no processamento da intensidade de força imprimida no corpo dinamoscópico.

4. Terceira Lei de Leandro

Continuando o estudo com as deduções das leis de Leandro que versam sobre a intensidade elástica, tratarei agora de deduzir uma lei generalizada, analisada por meios das características que constituem o corpo dinamoscópico.

Em minhas experiências pude verificar que a intensidade elástica te certo ponto depende exclusivamente das características do corpo dinamoscópico. Desse modo um estudo experimental de suas características revela a chamada terceira lei de Leandro.

Verifica-se que a intensidade elástica de um corpo dinamoscópico depende do material dinamoscópico que o constitui e de suas dimensões.

Para simplificar a análise dessas dependências, considere que os corpos dinamoscópicos analisados sejam um fio elástico, ou mola helicoidal, muito usada na prática.

Para concluir-se alguma coisa a respeito da intensidade elástica de um corpo dinamoscópico, tome-se quatro corpos dinamoscópicos em forma de fio: (f_1, f_2, f_3 e f_4) que se distinguem um do outro por apresentarem as seguintes características:

a) f_1 **e** f_2 – Diferem por seus comprimentos iniciais (L_0) e ($2L_0$). Ou seja, tornam-se dois pedaços de um corpo dinamoscópico de mesma seção transversal, porém de comprimentos diferentes;

b) f_1 **e** f_3 – Distinguem-se um do outro por suas áreas de seções transversais (A) e (2A). Aqui chamo de área da seção transversal de um corpo dinamoscópico à área obtida cortando-o por um plano perpendicular a seu eixo.

c) f_1 **e** f_4 – Diferem pelos materiais dinamoscópicos que os constituem. Eles são então submetidos à ação de uma força de mesma intensidade.

Realizada a referida experiência, verifica-se que ocorrem diferentes variações de deformações, e, portanto as intensidades elásticas são distintas, visto que todos os corpos dinamoscópicos em debates foram submetidos à mesma intensidade de força.

A seguinte tabela que exponho, vem a mostrar os resultados que pude obter experimentalmente:

MATERIAL	f_1	f_2	f_3	f_4
Comprimento Inicial	(L_0)	$(2L_0)$	(L_0)	(L_0)
Área da Seção Transversal	(A)	(A)	$(2A)$	(A)
Variação de Deformação	(ΔL)	$(2\Delta L)$	$(\Delta L/2)$	$(\Delta L' \neq \Delta L)$
Intensidade Elástica	(i)	$(2i)$	$(i/2)$	$(i' \neq i)$

Uma análise racional da referida tabela revela que:

I – Nos fios dinamoscópicos (f_1 e f_2) dobrando o comprimento inicial ($L_0 \to 2L_0$) de um mesmo material dinamoscópico (X), de mesma área dobra o valor de sua intensidade elástica ($i \to 2i$) e sua variação de deformação também sofre uma duplicação ($\Delta L \to 2\Delta L$). A deformação não ocorre, naturalmente, apenas nas extremidades; mas, cada elemento se alonga na mesma proporção do corpo dinamoscópico (a isso tenho chamado, com certa frequência, por princípio elementar de Leandro).

Desse modo, percebe-se claramente que o corpo dinamoscópico de comprimento inicial maior deve apresentar uma intensidade elástica maior, isso porque o corpo dinamoscópico tomado a cada intervalo de um determinado comprimento deforma-se no limite da força imprimida. E, portanto aumentando o intervalo do comprimento inicial, Dado um dos intervalos intermediários do corpo dinamoscópico se deformará sempre ao limite da intensidade de força aplicada, porém como nesse caso o intervalo de comprimento inicial é maior do que o anterior e, portanto ocorrerá uma deformação maior correspondente à soma da deformação parcial de cada intervalo do corpo dinamoscópico.

Ou seja, um corpo dinamoscópico tomado a intervalos de comprimentos absolutamente idênticos, submetidos à ação de uma intensidade de força constante; cada ponto do intervalo deforma-se igualmente aos outros intervalos, de tal forma que a soma das deformações em cada um dos intervalos ao qual se dividiu o corpo dinamoscópico correspondente à deformação integral do sistema considerado.

Com a referida descrição procurei através dos aspectos macroscópicos mostrarem como ocorre a deformação de um corpo dinamoscópico, nos aspectos longitudinais. E a partir desse estágio é possível generalizar os referidos conceitos com a estrutura molecular dos sólidos em geral. E a referida generalizada foi perfeitamente demonstrada na explicação da segunda lei de Leandro.

Bem, continuando, conclui-se que: "A intensidade elástica de um corpo dinamoscópico perfeitamente elástico é diretamente proporcional ao seu comprimento inicial que apresenta na ausência de forças".

Portanto, imaginando um fio de um corpo dinamoscópico qualquer, pode-se afirmar que:

a) Quanto maior for o comprimento inicial de um fio dinamoscópico, maior será sua intensidade elástica.

b) Quanto menor for o comprimento inicial de um fio dinamoscópico, menor será sua intensidade elástica.

II – Nos fios dinamoscópicos (f_1 e f_3) dobrando a área da seção transversal (A $\to$ 2A) de um mesmo fio de material dinamoscópico (X), e de mesmo comprimento inicial, cai à metade o valor de sua intensidade elástica (i $\to$ i/2), bem como sua variação de deformação ($\Delta L \to \Delta L/2$).

Dessa maneira, pode-se verificar claramente que modificando a área da seção transversal do corpo dinamoscópico, sua intensidade elástica será sensivelmente alterada. Para melhor entender esse problema e ao mesmo tempo explicar teoricamente esse comportamento dinamoscópico, basta saber que quando se imprime uma intensidade de força em um corpo dinamoscópico, aparece em senti oposto uma força elástica de intensidade igual à força imprimida.

Considere então que a seção longitudinal seja dividida em seções menores, de tal forma, que se possa obter uma série de fibras do corpo dinamoscópico.

Ao submeter cada uma dessas fibras à ação de uma mesma intensidade de força, verificar-se-á, que elas se deformarão em valores distintos, variando de acordo com a área de sua seção transversal.

Observa-se que em cada uma das fibras, a deformação é sempre maior do que a deformação do corpo dinamoscópico no seu estágio inicial. Verifica-se também que, a deformação dessas fibras em conjunto, reorganizadas de acordo com o estado inicial do corpo dinamoscópico, é igual à variação da deformação do corpo dinamoscópico do estado inicial.

Dessa maneira, sob os aspectos macroscópicos que pode ser perfeitamente generalizada para o microscópico, uma teoria explicativa sugere que, se a intensidade da força elástica armazenada na fibra individual é igual à intensidade da força imprimida; então, a mesma força imprimida no corpo dinamoscópico inicial é também igual à intensidade dessa força, armazenada nesse corpo dinamoscópico.

Caso a intensidade de força armazenada na fibra individual seja idêntica à intensidade de força armazenada no corpo dinamoscópico inicial, então como explicar as diferentes deformações que resultam entre ambos os corpos?

Ora, pelo princípio de Galileu que versa sobre a independência dos efeitos das forças, permite concluir que quando as fibras estão em conjunto, cada um passa a armazenar apenas uma parcela da força elástica imprimida no sistema dinamoscópico. Ou seja, a intensidade da força distribui-se ao longo do toda a área da seção transversa, naturalmente esse fenômeno tem uma explicação, encontra-se em um capítulo separado deste, no qual proponho a teoria leandrina das deformações dos sólidos em geral.

Continuando, conclui-se que a deformação integral do sistema deverá ser menor e logicamente a deformação das fibras do conjunto é igual à deformação integral do corpo, pois a intensidade da força em cada fibra do conjunto é menor.

Porém, como a intensidade de força armazenada no sistema tem que ser igual à intensidade de força imprimida, conclui-se que, desse modo a intensidade de força em cada fibra não é muito grande, mas convém lembrar que o corpo dinamoscópico contém uma série de fibras associadas, formando um conjunto e, portanto, a soma das forças elásticas armazenadas em todas é considerável e equivalem-se à intensidade da força imprimida.

Desse modo, quanto maior for a área da seção transversal de um corpo dinamoscópico, mais dificilmente ele sofrerá uma deformação; ou seja, teoricamente a intensidade da força elástica se distribui uniformemente por todo o plano espacial do corpo dinamoscópico. E sendo assim, cada ponto ou átomo da estrutura cristalina de um metal exerce uma pequena intensidade de força, aqui também, deve-se levar em consideração que o corpo dinamoscópico é constituído por uma infinidade de moléculas que oscilam em torno de um centro fixo e a soma das intensidades de forças exercidas por cada uma se torna considerável ao nível macroscópico.

Logo, quando se aumenta a área da seção transversal de um corpo dinamoscópico, onde é impressa uma dada intensidade de força, menor será a intensidade elástica e menor será a variação da deformação resultante, ou seja, aumentando-se a área da seção transversal de um corpo dinamoscópico, sua intensidade elástica diminuirá.

A partir destes dados, pode-se chegar à seguinte conclusão: "A intensidade elástica de um corpo dinamoscópico é inversamente proporcional à área da seção transversal".

Imaginando um fio dinamoscópico, pode-se concluir que:

a) Quanto maior for a área da seção transversal do corpo dinamoscópico, menor será sua intensidade elástica.

b) Quanto menor a área da seção transversal do corpo dinamoscópico, tanto maior será sua intensidade elástica.

Simplificadamente, eu afirmei o seguinte: dois fios do mesmo material, homogêneos, de mesmo comprimento inicial L_0, cujas áreas das seções transversais sejam (A) e (2A), apresentarão intensidades elásticas respectivamente iguais a (i) e (i/2).

Conclui-se então que: "A intensidade elástica de um corpo dinamoscópico perfeitamente elástico é inversamente proporcional à área da seção transversal".

Simbolicamente, o referido enunciado é expresso pela seguinte relação:

$$i = \alpha \cdot (1/A)$$

Por esse motivo nas instalações mecânicas são utilizados fios de grossuras diferentes. Nos instrumentos mecânicos onde emprega grande intensidade de força, são instalados fios grossos, pois eles devem oferecer pouca elasticidade. Por outro lado, nos sistemas mecânicos onde existe a necessidade de pequena intensidade de força, usam-se fios mais finos.

Um gráfico resultante do último enunciado é o seguinte; sendo a intensidade elástica e a área da seção transversal inversamente proporcional, deve-se entender que, se a intensidade elástica aumenta, a área da seção transversal numa mesma proporção é menor e vice-versa.

Portanto, para dois estados distintos de um mesmo corpo dinamoscópico, conclui-se que:

$$\alpha = i_1 \cdot A_1 = i_2 \cdot A_2 = i_3 \cdot A_3$$

Se representar a intensidade elástica (i) em ordenadas e a área da seção transversal A em abscissas, o gráfico da expressão anterior é uma curva denominada hipérbole equilátera.

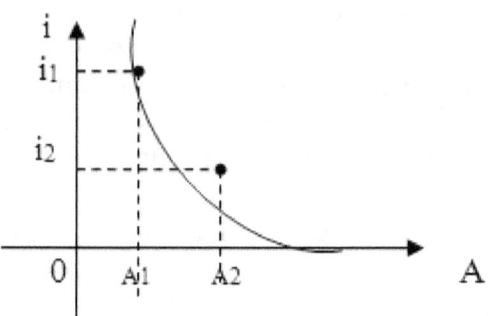

A seguir apresentarei os gráficos no qual (i . A = constante), é uma função constante em relação à intensidade elástica e em relação à área transversal (A).

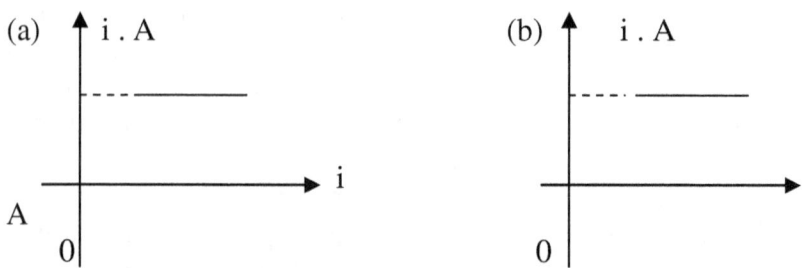

III - Os fios dinamoscópicos (f_1 e f_4) são de mesmo comprimento inicial e de mesma área de seção transversal, porém são constituídos por materiais dinamoscópicos distintos (X e Y), e apresentam intensidades elásticas diferentes e também suas variações de deformações são distintos ($\Delta L' \neq \Delta L$).

Isso vem a mostrar que a intensidade elástica de um corpo dinamoscópico não pode depender apenas de seu comprimento inicial e de sua área de seção transversal. Ela depende também do material do qual é feito o corpo dinamoscópico; caso contrário, um fio de aço ou um fio de alumínio de mesmos comprimentos e seções transversais teriam obrigatoriamente a mesma intensidade elástica e deveriam apresentar as mesmas variações de deformações, o que a experiência realizada mostrou ser absolutamente falso.

Destes três resultados, conclui-se que a intensidade elástica de um corpo dinamoscópico perfeitamente elástico é:

a - diretamente proporcional ao seu comprimento inicial (L_0);

b - inversamente proporcional à sua área de seção transversal (A);

c - depende do material dinamoscópico que o constitui (η).

Considerando um estudo desse último item, basta comparar dois fios do mesmo comprimento e da mesma grossura, sendo um de aço e outro de cobre verificar-se-á que o de aço oferece muito menos elasticidade do que o de cobre. Como isso acontece?

Nos itens anteriores, demonstrei claramente que a intensidade elástica do corpo dinamoscópico é diretamente proporcional ao seu comprimento inicial e inversamente proporcional à área de sua seção transversal. Assim, o referido enunciado é expresso simbolicamente pela seguinte razão:

$$i = \alpha \cdot L_0/A$$

A constante de proporcionalidade (α) depende do material dinamoscópico de que é constituído o corpo dinamoscópico.

Assim, considerando dois fios feitos do mesmo material e tendo o mesmo diâmetro, ou melhor, tendo a mesma área de seção transversal, apresentará maior intensidade elástica aquele que tiver maior comprimento inicial: a intensidade elástica é proporcional ao comprimento inicial do fio. Por outro lado, se comparar dois fios do mesmo comprimento, feitos do mesmo material, terá menor intensidade elástica aquele que apresentar maior seção transversal do corpo dinamoscópico. Finalmente, verificou-se que fios dinamoscópicos de idênticas dimensões físicas, mas de materiais diferentes apresentam, em geral, diferentes intensidades elásticas.

Espero que essas conclusões experimentais sejam em um futuro próximo plenamente justificada por alguma teoria moderna relativa à deformação dos corpos em geral.

Esses resultados podem ser resumidos em um único enunciado, que desejo que seja conhecido pelo nome de terceira lei de Leandro: "Nos corpos dinamoscópicos perfeitamente elásticos, filiformes, a intensidade elástica é proporcional ao comprimento inicial e inversamente proporcional à área da seção transversal do corpo dinamoscópico".

A referida lei pode ser traduzida simbolicamente pela seguinte igualdade:

$$i = \eta \cdot L_0/A$$

Na referida fórmula a constante de proporcionalidade (η) é uma grandeza que depende apenas da natureza do material que constitui o corpo dinamoscópico e da temperatura. Esse coeficiente é denominado por "característica dinamoscópica". E é somente determinado experimentalmente.

5. Unidades de Característica Dinamoscópica

A expressão da terceira lei de Leandro, escrita sob a forma matemática: ($\eta = i \cdot A/L_0$), permite através de uma análise dimensional determinar imediatamente a unidade de característica dinamoscópica. No Sistema Internacional (S.I.), espero que a unidade de característica dinamoscópica seja o Leandro-metro, abreviadamente (ε . m).

Para definir esta unidade, considera a expressão ($i = \eta$. L_0/A), da qual se tira ($\eta = i$. A/L_0), isto implica que a unidade será:

$$\eta = 1\ \varepsilon\ .\ m^2/m$$

Portanto, ao eliminar os termos em evidência, a unidade de característica dinamoscópica (η) é a seguinte:

$$1\ \varepsilon\ .\ m$$

No sistema CGS, analogamente, unidade de característica dinamoscópica é o Leandro-centímetro (ε . cm).

Creio que na engenharia será na prática, frequentemente empregada, o leandro-centímetro, cujo símbolo é: (ε . cm); e o leandro-centímetro quadrado por metro, cujo símbolo é: $\varepsilon.cm^2/m$. A seguir passo a apresentar uma tabela de conversão das unidades.

Tabela de Conversão de Unidades de Características Dinamoscópicas:

$1\varepsilon\ m = 10^2\ \varepsilon\ cm$ $1\varepsilon\ cm = 10^{-2}\ \varepsilon\ m$
$1\varepsilon\ m = 10^6\ \varepsilon\ mm^2/m$ $1\varepsilon\ mm^2/m = 10^{-6}\ \varepsilon\ m$
$1\varepsilon\ m = 10^4\ \varepsilon\ mm^2/m$ $1\varepsilon\ mm^2/m = 10^{-4}\ \varepsilon\ cm$

Observe que, se o corpo dinamoscópico apresentar comprimento unitário e seção unitária, sua intensidade elástica será numericamente igual à sua característica dinamoscópica. Assim, por exemplo, a intensidade elástica de um fio de alumínio, com e cm de comprimento e 1 cm^2 de seção é $1,42$. 10^{-11} leandros. Isso significa que a característica dinamoscópica do alumínio no sistema CGS é de $1,42$. 10^{-11} leandros . cm.

Nas aplicações técnicas da engenharia, creio que será muito comum utilizar-se na medida da característica de um corpo dinamoscópico, o milímetro quadrado como unidade de área, o metro como unidade de comprimento e o leandro como unidade de elasticidade; ou seja, de intensidade elástica. A característica dinamoscópica vem então expressa em leandros. mm^2/m. Essa unidade que não pertence a nenhum sistema coerente de unidades, tem entretanto, a vantagem de ser numericamente igual à intensidade elástica de um corpo dinamoscópico de 1 metro de comprimento e 1 mm^2 de área de seção transversal.

CAPÍTULO XII
Tolerância Dinamoscópica

1. Introdução

Outra grandeza equivalente à característica dinamoscópica (η) é a elascopia (φ), definida como sendo o inverso da característica dinamoscópica, ou seja:

$$\eta = 1/\varphi$$

De modo que a terceira lei de Leandro pode também ser expressa da seguinte maneira:

$$i = 1/\varphi \cdot L_0/A$$

Fórmula esta que permite observar que, quanto maior for a elascopia de um material dinamoscópico, menor será sua intensidade elástica, ou seja: "A elascopia mede quão pouco elástico é um material dinamoscópico".

2. Relação Entre a Temperatura e a Intensidade Elástica

Quando um corpo dinamoscópico é submetido a um aumento de temperatura, a agitação dos átomos no interior do corpo dinamoscópico também aumenta. Isso provoca um aumento da intensidade elástica do corpo dinamoscópico, como as experiências confirmam largamente.

Em alguns corpos, ocorre o inverso, isto é, o aumento da temperatura pode provocar uma diminuição em sua intensidade elástica.

Dessa forma, quando falar em intensidade elástica de um corpo dinamoscópico, é extremamente conveniente determinar a temperatura à qual ele está submetido.

3. Tolerância Dinamoscópica

Nas aplicações práticas, às vezes, necessita-se de um corpo dinamoscópico de uma enorme faixa de valores que se estende de menos de 1 leandro até 10.000 leandros. Evidentemente, na prática não é possível fabricar um corpo dinamoscópico com uma intensidade elástica de valor exatamente igual ao que se almeja. Tanto as máquinas que fazem os corpos dinamoscópicos bem como os instrumentos que conferem o seu valor são dotados de certo grau de precisão.

Com isso quero dizer que, por melhor que seja a marca dos corpos dinamoscópicos adquiridos, jamais se poderá garantir que a intensidade elástica de um corpo dinamoscópico de cem leandros, seja na realidade, exatamente e absolutamente cem leandros.

Sabendo-se disso, os engenheiros ao projetarem uma máquina, devem levar em conta que os corpos dinamoscópicos que usarão tenham uma intensidade elástica próxima ao valor almejado e não exatamente o previsto. E, isso dever ser realizado de tal maneira que mesmo assim, a máquina funcione satisfatoriamente.

Desse modo, são obrigados a deixar uma margem de segurança, ou seja, dar uma tolerância para os valores calculados num projeto.

Essa margem de segurança pode ser fixada por uma porcentagem que indicará de "quantos por cento" pode variar a intensidade elástica real de um corpo dinamoscópico em torno do valor que lhe é indicado, sem que isso signifique que o corpo dinamoscópico esteja "defeituoso". Portanto, a melhor definição de tolerância de um corpo dinamoscópico é a diferença em porcentagem entre o valor marcado na embalagem do corpo dinamoscópico e o seu valor real, expressa em porcentagem.

Nas indústrias e no comércio é bem mais prático que as porcentagens dadas para a tolerância sejam padronizadas nos seguintes valores:

1%; 2%; 5%; 10%; 20% e 25%

Desse modo, quando um corpo dinamoscópico é fabricado, o fabricante deve obrigatoriamente marcar a tolerância do corpo dinamoscópico em sua embalagem.

Essa tolerância permitirá que o corpo dinamoscópico com valores entre dois extremos possam ser considerados "bons", mesmo que não apresentam exatamente a intensidade elástica marcada em sua embalagem.

Por exemplo, quando se afirma que um corpo dinamoscópico de cem leandro tem uma tolerância de 10% isso significa que admite-se uma diferença de até 10% entre o valor real de sua intensidade elástica e os cem leandros marcados em sua embalagem, sem que o referido corpo seja considerado defeituoso.

Nos projetos, conforme o caso, essa diferença de 10% não apresentará influência no funcionamento da máquina a que se destina.

O corpo dinamoscópico cuja intensidade elástica é 100 leandros poderá apresentar 10% a mais ou a menos de intensidade elástica, ou seja, poderá ter um valor real entre 90 e 110 leandros, sem que isso implique que o corpo dinamoscópico esteja ruim.

Portanto, os valores possíveis para um corpo dinamoscópico de 100 leandros e 10% de tolerância são indicados no seguinte esquema:

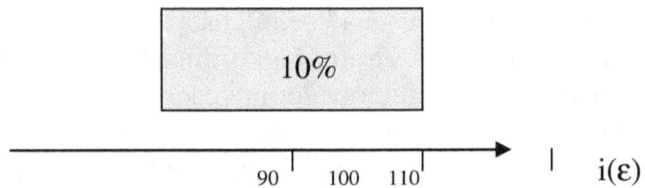

Entre muitos corpos dinamoscópicos com o mesmo valor assinalado, podem-se escolher dois de mesmas intensidades elásticas. Devem-se ser iguais por uma diferença menor de 1%, por exemplo, pode-se optar uma série de 1% e nela escolher os corpos dinamoscópicos de valores desejados.

A conclusão a que cheguei é que os corpos dinamoscópicos de 100 leandros na realidade não precisam ter exatamente 100 leandros de intensidade elástica, mas tão somente cobrir uma faixa de valores em torno de 100 leandros.

De certa quantidade de corpos dinamoscópicos verifica-se que a quantidade deles que se aproximam mais do valor marcado é maior do que a quantidade mais afastada o que resulta numa distribuição conforme a indicada no esquema da seguinte figura de um corpo dinamoscópico cuja tolerância é igual a dez por cento.

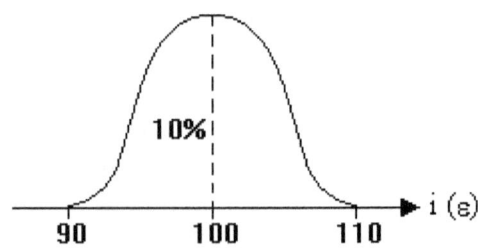

Voltando ao corpo dinamoscópico de 100 leandros e 10 % de tolerância, observa-sa que se sua intensidade elástica pode ter valores entre 90 e 110 leandros, torna-se claro que uma vez fabricado, não será necessário também preocupar-se com a produção de corpos dinamoscópicos de 90 e 110 leandros, e de todos os valores intermediários de mesma tolerância, pois entre os corpos dinamoscópicos de 100 leandros serão encontradas unidades de todos os valores entre os limites estabelecidos. Eliminando, portanto a necessidade de produzir corpos dinamoscópicos de 90, 91, 92, até 110 leandros.

Portanto, um único valor de intensidade elástica marcada, em função da tolerância dada permite obter intensidades elásticas reais dentro de uma faixa determinada de valores.

É evidente que, se a tolerância for menor, a faixa de valores possíveis será ainda mais estreita e os valores que foram eliminados da necessidade de fabricação serão em menor quantidade. Observe o esquema indicado na seguinte figura:

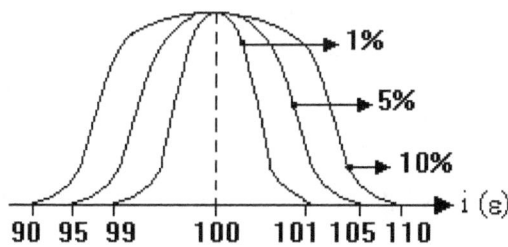

Por exemplo, para a tolerância de 5%, no caso do corpo dinamoscópico de 100 leandros sua intensidade elástica real poderá estar entre 95 e a 105 leandros. Neste caso, numa certa quantidade de corpos dinamoscópicos de 100 leandros não poderá ser encontrado nenhum de 90 leandros, como no caso anterior.

Se não é possível garantir que os corpos dinamoscópicos tenham exatamente a mesma intensidade elástica que vem assinalado em sua embalagem, mas tão somente que a sua intensidade elástica real está numa faixa de valores perfeitamente prevista, é óbvio que não existe necessidade de se preocupar em fabricar corpos dinamoscópicos cujos valores assinalados estejam compreendidos na faixa de valores possíveis de outro.

Explicando melhor, o caso é o seguinte: se um corpo dinamoscópico cujo valor assinalado é 100 leandros e que apresenta uma tolerância de 10% pode ter qualquer valor entre 90 e 110 leandros não havendo necessidade de fabricar corpos dinamoscópicos de 90, 95, 105 ou qualquer outro valor entre 90 e 110 leandros.

Por esse motivo, devem-se fabricar corpos dinamoscópico de tal modo que possam cobrir todos os valores possíveis que sejam necessários sem realmente terem indicados todos os valores possíveis.

Com isso, simplesmente quero dizer que os corpos dinamoscópicos deverão ser fabricados de maneira que o maior valor possível, em função da tolerância, que ele possa ter para um valor assinalado seja também o menor valor possível que o corpo dinamoscópico de valor seguinte possa apresentar.

Com isso, se considerar que cada corpo dinamoscópico cobre uma faixa de valores possíveis, analisando todas as faixas possíveis, verifica-se que juntos cobrem todas as intensidades elásticas possíveis.

Observe o esquema indicado na seguinte figura:

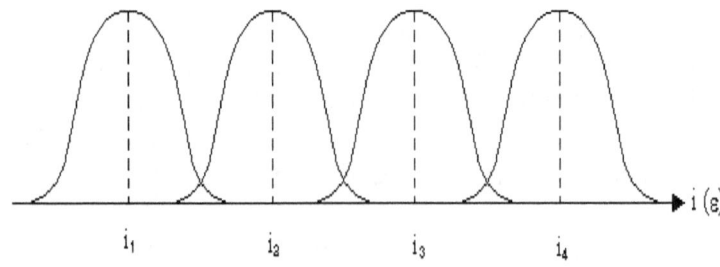

Conforme se observa, um corpo dinamoscópico de 100 leandros pode apresentar valores entre 90 e 110 leandros (10%). O valor imediatamente inferior desta série de 10% de tolerância é 82 leandros, o que significa que esse corpo dinamoscópico pode apresentar na realidade qualquer intensidade elástica entre 71,8 e 90,2 leandros. Com os dois valores obtêm-se, portanto uma cobertura contínua de intensidades elásticas de 71,8 a 110 leandros.

Quanto menor for a tolerância, mais estreita é a faixa coberta e portanto são necessários mais valores assinalados em torno dos quais a intensidade elástica varie para obter-se uma cobertura total da faixa de intensidade elástica.

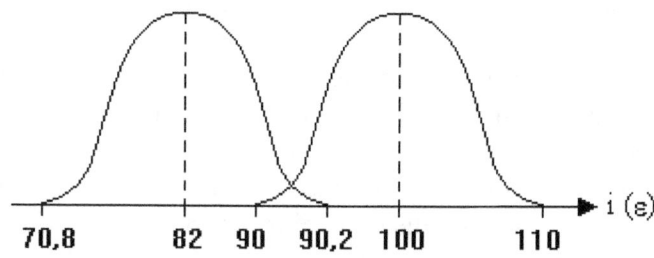

As séries de menor tolerância têm mais valores padronizados que as séries de maior tolerância.

Por isso mesmo é bastante conveniente que o técnico saiba de memórias os valores que compõem as diversas séries, de modo, a saber, como adquirir corpos dinamoscópicos quando deles necessitar.

Em suma, as séries de valores comerciais padronizadas para corpos dinamoscópicos são estabelecidas de tal maneira que, considerando a tolerância, o maior valor que um corpo dinamoscópico pode ter, dentro da tolerância permitida seja igual ou maior que o menor valor que o corpo dinamoscópico de marcação subsequente da série pode ter, considerando sua tolerância.

A seguinte distribuição mostra os valores máximos e mínimos da intensidade elástica tolerada.

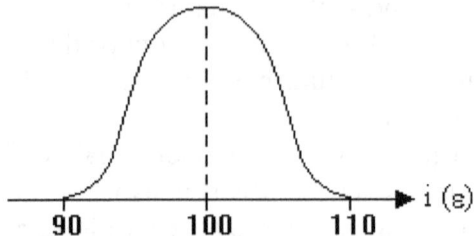

Pode-se verificar que a tolerância é de 10%; o valor máximo da intensidade elástica tolerada é 110 leandros enquanto que o valor mínimo da intensidade elástica é de 90 leandros. Logo o valor da intensidade elástica indicada na embalagem do corpo dinamoscópico é o valor médio dos valores de extremos.

Assim, a intensidade elástica média de tolerância é igual à soma entre a intensidade elástica máxima e mínima de tolerância, divida por dois.

Simbolicamente, o referido enunciado é expresso por:

$$i_{mT} = i_{máxima} + i_{mínima}/2$$

4. Quarta Lei de Leandro

A característica dinamoscópica de um material é determinada apenas experimentalmente e depende da temperatura em que esse corpo se encontra. De um modo geral, os corpos dinamoscópicos perfeitamente elásticos aumentam de característica dinamoscópica, quando aquecidos.

Verifica-se experimentalmente que mantendo sua variação de deformação constante entre os terminais A e B de um corpo dinamoscópico, conforme o esquema indicado na seguinte figura:

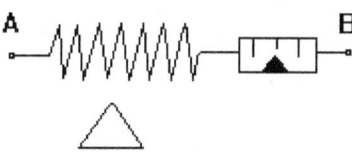

Nessas condições, considerando a dilatação, o dinamômetro indica além dessa dilatação, uma diminuição da intensidade de força, porque o aumento de temperatura é acompanhado de um aumento da característica dinamoscópica do corpo e, portanto, um aumento de sua intensidade elástica.

Conforme o valor da característica dinamoscópica de um material, ele poderá ser considerado elástico ou rígido.

Dessa maneira, um fator que influência consideravelmente a elasticidade do corpo dinamoscópico é a grande facilidade que estes possuem de deformar-se quando submetido à ação de uma força de pequena intensidade numa alta temperatura. Assim, a característica dinamoscópica de um material ou, em particular, a intensidade elástica de um corpo perfeitamente elástico, varia com a temperatura. Ou melhor, os corpos dinamoscópicos, como por exemplo, uma barra metálica, quando submetidos à ação de uma força de intensidade constante, deforma-se tanto mais sob a ação da referida força, quanto maior for o grau de temperatura. Logo, a característica dinamoscópica é influenciada diretamente pela temperatura e, com isso, influência a intensidade elástica do corpo dinamoscópico.

Em outros termos, a característica dinamoscópica não depende apenas do material dinamoscópico, mas também depende da temperatura à qual esse material encontra-se submetido. Este fenômeno é a causa principal em que a intensidade elástica de um corpo dinamoscópico perfeitamente elástico apresenta em função da temperatura.

Na figura que se segue tem-se o gráfico que indica o valor da característica dinamoscópica de um corpo elástico em função da temperatura.

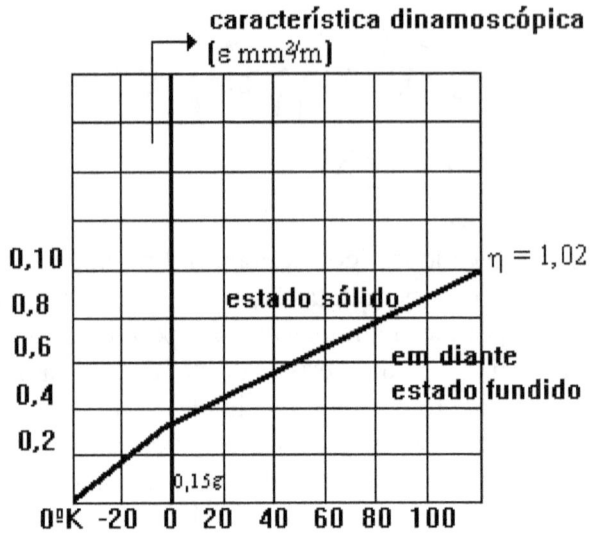

Esse gráfico indica, antes de tudo, que a característica dinamoscópica do corpo elástico aumenta, quando a temperatura aumenta. A zero grau centesimal, por exemplo, a característica dinamoscópica desse corpo é de 0,16 ε mm²/m. a 10° C, a característica dinamoscópica é de 0,23 ε mm²/m; a 50° C é de 0,51 ε mm²/m; a aproximadamente 100° C a característica dinamoscópica atinge o valor de 0,10 ε mm²/m. Esta é a temperatura que se processa a fusão do corpo dinamoscópico em debate e o valor indicado da característica dinamoscópica é para o corpo ainda no estado sólido. Geralmente antes de fundir-se o corpo dinamoscópico rompe-se interrompendo a experiência. Depois de totalmente fundido é possível submete-lo numa deformação por compressão.

Em estudos que pude realizar sobre a variação da característica dinamoscópica dos corpos perfeitamente elásticos, em função da temperatura, mostram que para as variações de temperatura não muito grandes, isto é, para variações de até poucas dezenas de graus centesimais, a variação da característica dinamoscópica é diretamente proporcional à variação da temperatura. Chamarei de (ΔT) a variação de temperatura e (Δη), a correspondente variação da característica dinamoscópica de um material de elasticidade perfeita. Pode-se então escrever:

$$\Delta\eta = K \cdot \Delta T$$

Onde (K) é uma constante de proporcionalidade que só depende da natureza do material que constitui o corpo dinamoscópico.

Considere um corpo dinamoscópico que, quando a temperatura atinja o zero absoluto 0° K, tenha uma característica dinamoscópica inicial (η_0). Se aumentar a variação da temperatura (ΔT), a característica dinamoscópica passará a ser (η) e poderá ser calculada através de uma expressão matemática que será deduzida daqui a alguns momentos.

Naturalmente estou supondo que no intervalo de temperatura (ΔT) não ocorra qualquer mudança de estado físico do corpo dinamoscópico.

Sejam (T_0 e T), as temperaturas extremas do intervalo de temperatura denominada (ΔT). Tem-se então (ΔT = T − T_0). Sendo (η_0) a característica dinamoscópica à temperatura (T_0), pode-se escrever (Δη = η − η_0). Logo a equação anterior toma a seguinte forma:

$$\eta - \eta_0 = K \cdot (T - T_0)$$

Então,

$$\eta = \eta_0 + K \cdot (T - T_0)$$

Portanto,

$$\eta = \eta_0 \cdot [1 + (K/\eta_0) \cdot (T - T_0)]$$

Agora, se fizer ($\alpha = K/\eta_0$) a expressão acima pode ser escrita sob a seguinte forma:

$$\eta = \eta_0 . [1 + \alpha . (T - T_0)]$$

Fixada a temperatura (T_0), a constante de proporcionalidade (α) depende exclusivamente da natureza do material dinamoscópico considerado e chama-se coeficiente de temperatura desse material. Sua unidade é o recíproco da unidade de temperatura, ou seja, (Kelvin)$^{-1}$ (que se abrevia por K^{-1}) ou, o que resulta no mesmo, (grau centesimal)$^{-1}$ (que se abrevia por $°C^{-1}$).

Os símbolos da última fórmula são os seguintes:

a) η_0 corresponde à característica dinamoscópica na temperatura (T_0) absoluta.

b) η corresponde à característica dinamoscópica a uma temperatura (T) qualquer.

c) α corresponde ao coeficiente de temperatura.

d) ΔT corresponde à variação de temperatura ($T - T_0$).

Desse modo, de acordo com os referidos símbolos pode-se expressar que:

$$\eta = \eta_0 . (1 + \alpha . \Delta T)$$

Pela terceira lei de Leandro pode-se afirmar que a intensidade elástica é igual a característica dinamoscópica em produto com o comprimento inicial do corpo dinamoscópico, inverso pela área da seção transversal.

Simbolicamente o referido enunciado é expresso por:

$$i = \eta \cdot L_0/A$$

Substituindo convenientemente as duas últimas expressões, resulta que:

$$i = \eta_0 \cdot (1 + \alpha \cdot \Delta T) \cdot L_0/A$$

Tudo que foi afirmado a pouco com relação à variação da característica dinamoscópica de um corpo elástico em função da temperatura, é válida também para o caso da variação da intensidade elástica de um corpo dinamoscópico, com a temperatura.

Então, baseando na última expressão e na terceira lei da intensidade elástica de Leandro, pode-se escrever:

a) $i = \eta \cdot L_0/A$

b) $i_0/ = \eta_0 \cdot L_0/A$

Entretanto não se deve deixar de considerar que a variação do comprimento linear que um corpo dinamoscópico apresenta em função da temperatura. Porém, tem uma participação bem menor. Ou seja, ao variar a temperatura, o corpo dinamoscópico sofre uma dilatação; porém, essa variação de comprimento é de certa forma desprezível no cálculo do novo valor da intensidade elástica; por isso, considerarei (L) e (A) como constantes absolutas.

Então dividindo a expressão (b) pela expressão (a), ter-se-á que:

$$i/i_0 = \eta/\eta_0$$

Porém:

$$\eta = \eta_0 \cdot [1 + \alpha \cdot (T - T_0)]$$

Ou

$$\eta/\eta_0 = 1 + \alpha \cdot (T - T_0)$$

Portanto, conclui-se que:

$$\eta/\eta_0 = i/i_0 = 1 + \alpha \cdot (T - T_0)$$

Isto implica que:

$$i = i_0 \cdot [1 + \alpha (T - T_0)]$$

Onde:

a) i corresponde à intensidade elástica à temperatura (T).

b) i_0 corresponde à intensidade elástica à temperatura absoluta (T_0).

c) α corresponde ao coeficiente de temperatura.

Dessa maneira conclui-se que (α) é o mesmo coeficiente de temperatura que aparece na expressão correspondente, relativa à característica dinamoscópica.

Verifica-se experimentalmente que o coeficiente de temperatura (α) depende do material que constituí o corpo dinamoscópico e da temperatura. Entretanto, a variação de (α) com a temperatura é em algumas situações tão pequena, que é bem mais prático considera-la constante para um dado material dinamoscópico dentro de pequenos intervalos de temperatura.

Os valores do coeficiente de temperatura são tabelados e verificados pela experiência e pode ser:

a) A intensidade elástica ou a característica dinamoscópica, de um material dinamoscópico geralmente cresce com o aumento da temperatura. Isso ocorre para valores em que ($\alpha > 0$), caso dos corpos dinamoscópicos que tenho chamado de corpos perfeitos ou ideais. Representado principalmente pelos metais em geral.

b) Em alguns casos em especial quando passei a observar certos corpos dinamoscópicos, constituídos principalmente por ligas dinamoscópicas, pude notar que a constante (α) é aproximadamente igual a zero ($\alpha \cong 0$), o que praticamente não provoca uma variação sensível na característica (η), fazendo obrigatoriamente com que a considere dentro de certos limites como independente da temperatura ($\alpha = 0$). Nestes casos a intensidade elástica não varia com a temperatura.

c) Existem ainda os casos dos corpos dinamoscópicos, cuja intensidade elástica diminui consideravelmente com o aumento de temperatura, portanto apresentam o coeficiente de temperatura muito menor que zero ($\alpha < 0$), o que provoca então um decréscimo de (η) para um acréscimo de temperatura (T). Essa forma irregular da variação da característica dinamoscópica com a temperatura é uma característica de uma tira de couro molhada; à medida que a temperatura vai aumentando ela vai se tornando cada vez mais seca, rígida, causando a diminuição da característica dinamoscópica.

d) Para grandes intervalos de temperatura, a variação da intensidade elástica deixa de ser proporcional à variação de temperatura. Nesse caso é possível recorrer-se a gráficos ou a fórmulas mais precisas e de certa forma mais complexas do que aquelas estabelecidas no presente livro.

e) Pude verificar em um corpo dinamoscópico de elasticidade perfeita que o limite de elasticidade aumenta consideravelmente com a temperatura. Ou seja, a primeira lei de Leandro é obedecida por um corpo dinamoscópico até certo limite, onde a deformação é perfeitamente elástica; excedendo esse limite, a deformação do corpo dinamoscópico é permanente. No entanto, ao aumentar a temperatura, o limite de elasticidade aumenta, de tal maneira que se o corpo dinamoscópico exceder o limite anterior, na nova temperatura, ele passa a sofrer uma deformação perfeitamente elástica.

Se no caso, a temperatura apresentar-se a um alto estágio e posteriormente diminuir, o fenômeno será verificado de modo inverso. Ou seja, a deformação perfeitamente elástica persente na alta temperatura, passa a ser permanente com a queda da temperatura. O referido fenômeno é apenas uma descrição de um dos efeitos-Leandro.

5. Tabela de Característica Dinamoscópica de Alguns Elementos

As séries de leis estabelecidas no presente capítulo constituem as chamadas leis de Leandro para a intensidade elástica; se o limite de elasticidade de um dado corpo dinamoscópico não é excedido, constata-se experimentalmente que as relações de proporção que resultam das leis de Leandro é uma constante característica de um dado material; em outras palavras, corpos dinamoscópicos constituídos por diferentes substâncias apresentam diferentes características dinamoscópicas. Seu valo é elevado para corpos dinamoscópicos de boas intensidades elásticas e baixos para outros.

Na tabela que se segue procuro apresentar as características dinamoscópicas média de alguns elementos químicos, que são os mais utilizados nos diversos campos do conhecimento humano, que seja na arquitetura, que seja na engenharia.

Os resultados indicados na tabela são válidos para uma temperatura ambiente de aproximadamente vinte e cinco graus centigrados, com exceção do último elemento, que foi indicado na tabela com o objetivo exclusivo de mostrar a influência da temperatura na deformação dos corpos dinamoscópicos.

Características Dinamoscópica de Algumas Substâncias
Temperatura = 25° a 30°

Substância	$\eta\ (\varepsilon . m)$	$\eta\ (\varepsilon . mm^2/m)$
Aço	$0{,}54.\ 10^{-11}$ a $0{,}4.\ 10^{-11}$	$0{,}54.\ 10^{-5}$ a $0{,}4.\ 10^{-5}$
Aluminio	$1{,}42.\ 10^{-11}$	$1{,}42.\ 10^{-5}$
Chumbo	$6{,}67.\ 10^{-11}$ a $5{,}89.\ 10^{-11}$	$6{,}67.\ 10^{-5}$ a $5{,}89.\ 10^{-5}$
Cobre	$0{,}90.\ 10^{-11}$ a $0{,}74.\ 10^{-11}$	$0{,}90.\ 10^{-5}$ a $0{,}74.\ 10^{-5}$
Ferro Forjado	$0{,}56.\ 10^{-11}$ a $0{,}48.\ 10^{-11}$	$0{,}56.\ 10^{-5}$ a $0{,}48.\ 10^{-5}$
Latão	$1{,}11.\ 10^{-11}$	$1{,}11.\ 10^{-5}$
Prata	$1{,}39.\ 10^{-11}$ a $1{,}35.\ 10^{-11}$	$1{,}39.\ 10^{-5}$ a $1{,}35.\ 10^{-5}$
Ferro Fundido	$1{,}18.\ 10^{-11}$ a $1{,}05.\ 10^{-11}$	$1{,}18.\ 10^{-5}$ a $1{,}05.\ 10^{-5}$

Os dados obtidos vêm a indicar que o aço é uma das substâncias de menor característica dinamoscópica; portanto, apresenta uma deformação mínima. O chumbo está entre as substâncias que mais se deforma, apresentando maior característica dinamoscópica. Os materiais, como o ferro forjado, aço apresentam pequena característica dinamoscópica e, portanto, reduzida deformação elástica.

A última substância da tabela para atingir o estado de fusão, foi submetida naturalmente a um alto grau de temperatura. Observa-se que a característica dinamoscópica do ferro fundido é aproximadamente duas vezes maior do que a característica dinamoscópica do ferro forjado. Esta experiência simplesmente vem a confirmar as leis de Leandro para a intensidade elástica, indicando que à medida que a temperatura aumenta, a característica dinamoscópica também aumenta, aumentando conjuntamente com a intensidade elástica do corpo dinamoscópico e, portanto, aumentando a deformação resultante.

Eventual pesquisa experimental deve ser verificada através de substâncias em estados puros, pois caso contrário, os valores passam a oscilarem.

Analisando o presente item ao nível da estrutura atômica, posso afirmar que os efeitos da deformação na separação das moléculas dependem do estado físico em que se encontra a substância considerada. No estado sólido as moléculas estão muito próximas entre si, seu movimento é de pequena amplitude e muito grande a intensidade de força que as mantém unidas. É necessário muito mais energia para separá-las do que quando a substância se encontra no estado líquido ou gasoso. Desse modo me parece bem claro que a intensidade elástica de uma substância é menor no estado sólido do que no líquido ou gasoso. Por outro lado a intensidade da força que atrai as moléculas varia com a natureza da substância. Assim, a deformação de um corpo depende diretamente da substância que o constitui e da maneira como se encontram dispostos seus átomos na estrutura cristalina dos sólidos em geral.

CAPÍTULO XIII
Dependência de Parâmetro

1. Introdução

Os corpos dinamoscópicos dependentes de um parâmetro são aqueles cuja intensidade elástica á função de uma determinada variável. Essa variável, que é chamada parâmetro, pode ser, por exemplo, a temperatura, a pressão, a intensidade de força imprimida etc.

Os corpos dinamoscópicos dependentes de um parâmetro são constituídos por semi-deformadores que podem ser especialmente desenvolvidos para essa finalidade. Dentre os corpos dinamoscópicos desse tipo o mais importante é o que passo a indicar a seguir.

Formoscópicos, ou corpos dinamoscópicos não lineares FDD. O parâmetro, neste caso, é a força imprimida; isto é, a intensidade de força que provoca a deformação (A sigla FDD significa "Força Dependente do Corpo Dinamoscópico"). Apresentam, evidentemente, característica não linear do tipo indicado na seguinte figura:

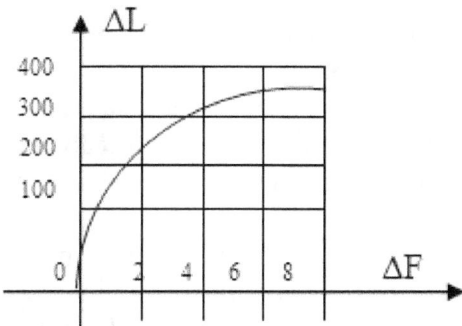

Pode-se observar pelo gráfico que à medida que a deformação resultante aumenta, a intensidade elástica diminui. A equação que exprime a característica de um corpo dinamoscópico FDD é do tipo:

$$L = C \cdot F^b$$

Sendo que a letra (L) representa a deformação resultante em centímetros; a letra (F) a intensidade de força, em Newtons ou dinas; as letras (b) e (C), constantes, distintas para cada tipo de FDD. Devem-se levar em consideração que os FDD são elementos dinamoscópicos passivos, pois para (L = 0) tem-se (F = 0).

Esses corpos dinamoscópicos apresentam grande aplicação como elementos de estabilização de deformações.

Já os corpos dinamoscópicos sensíveis à temperatura são chamados por "termodinamoscópicos". Existem dois modelos de termodinamoscópicos: CTN e CTP. Os primeiros, são raros, têm coeficiente de temperatura negativo, isto é, a intensidade elástica diminui à medida que a temperatura aumenta (CTN corresponde à sigla de "Coeficiente de Temperatura Negativa"). Os termodinamoscópicos CTP têm coeficiente de temperatura positivas (Coeficiente de Temperatura Positiva). Esses são frequentemente encontrados com extrema facilidade.

Os termodinamocópicos podem ser apresentados no comércio sob a forma cilíndrica, ou de pequenos discos, além de outros formatos especiais, evidentemente dependendo da aplicação a que se destina. Esses elementos encontram inúmeras aplicações, por exemplo, na construção de termômetros, termostatos, alarmes de incêndio, instrumentos meteorológicos etc.

Nas figuras que se seguem procuro mostrar respectivamente a característica típica de um termodinamoscópico CTN e no gráfico posterior a possível variação da intensidade elástica com a temperatura.

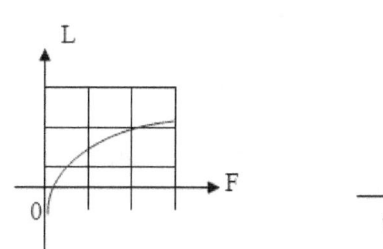 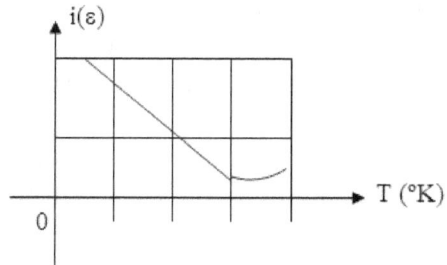

2. Instrumentos de Medida

Para medir a intensidade de força elástica que imprime um corpo ou sistema em equilíbrio dinamoscópico, ou seja, para medir a intensidade de força, costumo empregar um dispositivo chamado "dinamômetro".

Todo dinamômetro ao ser submetido a um sistema em equilíbrio dinamoscópico deve obrigatoriamente apresentar duas características principais:

a) A sua intensidade elástica deve ser infinitamente pequena, para que a força elástica possa imprimi-lo sem alterar as características do sistema dinamoscópico em equilíbrio;

b) Deve ser ligado em série com o corpo ou sistema dinamoscópico o qual vai medir a intensidade de força, pois a força que imprime o sistema dinamoscópico deve imprimir também o dinamômetro.

A intensidade de força, dependendo da delicadeza do sistema dinamoscópico considerado, pode ser medida ainda através dos instrumentos que denominei por "milidinamômetro" e dos "microdinamômetros", que são aparelhos mais sensíveis que o dinamômetro.

As "trenas" são instrumentos destinados a medir a variação de deformação entre dois pontos determinados de um corpo ou sistema dinamoscópico.

As características das trenas são as seguintes:

a_1) A sua intensidade elástica interna deve ser bem grande, para que a força que a imprime seja infinitamente pequena ou mesmo desprezível;

b_1) Deve obrigatoriamente ser ligada em paralelo com o corpo dinamoscópico, nos pontos em que se almeja medir a variação de deformação.

3. Símbolos Dinamoscópicos Elementares

Para representar um sistema dinamoscópico, não é necessário desenhar todos os elementos que o compõem. Basta substituí-los pelos chamados símbolos gráficos que representarão os vários elementos do sistema dinamoscópico considerado. Esses símbolos são os seguintes:

a)

O referido símbolo representa um fio dinamoscópico de intensidade elástica nula ou desprezível. Nesse não existe nenhuma deformação ao ser submetido à ação de uma força qualquer.

b)

Esse símbolo representa um corpo dinamoscópico perfeitamente elástica, portanto, com intensidade elástica (i) considerável.

c)

Esse símbolo caracteriza a ação de uma força imprimida em um corpo ou sistema dinamoscópico. Portanto a força é caracterizada de um estado negativo para um estado positivo de acordo com o seguinte símbolo:

Esses sinais são indispensáveis para entender a lei da deformação de uma malha.

d)

O referido símbolo caracteriza o dinamômetro.

e)

Esse outro símbolo vem a mostrar a trena, destinada a medir as deformações em geral.

Com o desenvolvimento do presente livro, os sistemas dinamoscópicos empregados serão rotineiramente cada vez mais complexos do que os que foram apresentados nas figuras anteriores. Além de um grande número de dispositivos e componentes auxiliares, eles podem contar mais de um corpo dinamoscópico, bem como um grande número de receptores de forças elásticas.

4. Tipos Usuais de Corpos Dinamoscópicos

Em sistemas dinamoscópicos, empregam-se com grande frequência, molas de aço de enrolamento em espiral longitudinal, a mola helicoidal, o fio elástico dinamoscópico, molas de aço de enrolamento em espiral transversal e muitos outros. O penúltimo corpo dinamoscópico, nada mais é do que um pedaço de fio, geralmente de resinas vegetal ou animal. Não sendo possível obter áreas de seções transversais demasiadamente pequenas, para se alcançar valores razoáveis de intensidade elástica, é necessário um comprimento muito grande, costumando-se, assim, utilizar enrolamentos de fios de aço, o que permite controlar a intensidade elástica.

A mola helicoidal consta de um enrolamento primário, com as espiras encostadas uma ao lado da outra, nas extremidades se estende dos terminais metálicos. É muito empregada em sistemas mecânicos. Devido ao controle da característica dinamoscópica e por ser constituída por metais, pode-se obter corpos dinamoscópicos de alta ou baixa intensidade elástica, de pequenas dimensões e de grande duração.

Dependendo da própria finalidade, como elementos de ligação nos sistemas dinamoscópicos, os corpos dinamoscópicos devem apresentar intensidade elástica convenientemente baixa ou convenientemente alta, tanto quanto economicamente possível.

A seguir, procurarei postular os principais tipos de corpos dinamoscópicos que habitualmente deverão ser encontrados na prática e padronizados por normas técnicas de caráter iminentemente internacional. Raramente os corpos dinamoscópicos apresentam-se revestidos de um encapamento isolante, com exceção em casos elétricos. Pois a natureza desses encapamentos influi decisivamente nas condições em que o corpo dinamoscópico pode ser utilizado. Neste primeiro estudo dos corpos dinamoscópicos, porém, limitar-me-ei a considerar apenas os corpos dinamoscópicos em si, independentemente das características do isolamento.

Como eu já disse anteriormente, em sua maioria, os corpos dinamoscópicos são constituídos por molas de aço em espiral longitudinal (que considero como comercial). Mas encontra-se também, corpos dinamoscópicos constituído por uma chapa de aço dobrada em forma de ângulo. Existem também corpos dinamoscópicos pouco utilizado em elasticidade como, por exemplo, o cobre puro, como também o alumínio, o latão, o bronze etc. Geralmente em usos cotidianos, dentro de certos limites, podem ser considerados rígidos e nesse caso são destinados a serem submetidos a intensidades de forças, por uma deformação por tração, consideráveis, sem que ocorra qualquer deformação apreciável.

Quanto à forma, e formação, os corpos dinamoscópicos de molas em espiral longitudinal e os fios elásticos podem ser classificados por corpos dinamoscópicos maciços e cabos. Os primeiros são constituídos por peças inteiriças de material deformável, são os fios e as barras metálicas em geral. Os fios têm em geral, seção circular e as barras têm seção retangular ou quadrada e essas formas também se aplicam às molas em geral. Naturalmente podem existir corpos dinamoscópicos de formato especial dependendo da finalidade a que se destina.

Quanto aos cabos dinamoscópicos, são constituídos por certa quantidade de fios entrelaçados e retorcidos de maneira conveniente. A principal aplicação dos cabos dinamoscópicos é destinada ao objetivo de diminuir a intensidade elástica do corpo dinamoscópico, o que possibilita a medição de altas intensidades de força, sem que o corpo dinamoscópico ultrapasse o limite elástico evitando também que se rompa. As formações mais comuns desses cabos são as de 4, 7, 11, 19, 35 fios por cabo. É possível, além disso, idealizar formações especiais, como o tipo cordoalha, e outros. Quanto maior for o número de fios de que o cabo é formado, maior será a flexibilidade desse cabo.

Uma das características mais importante dos corpos dinamoscópicos perfeitamente elásticos é a área da seção transversal, pois desta depende essencialmente a intensidade elástica do mesmo. A fabricação dos cabos e fios dinamoscópicos usados na prática, deverão obedecer a uma escala especial de bitolas, chamada escala NTB (Normas Técnica Brasileira) que são convenientemente racionalizadas no sistema métrico. Nessa escala, os corpos dinamoscópicos deverão ser designados por números inteiros, os quais correspondem aproximadamente ao número de etapas necessárias para a obtenção do diâmetro desejado. Daí ser a escala NTB, retrogressiva; isto é, quanto menor for o número da bitola, maior será a área de seção do corpo dinamoscópico. Dessa forma deve-se observar numa tabela de tal natureza que de quatro em quatro números, a área da seção transversal fica totalmente reduzida à metade.

Para reconhecer a bitola de um fio dinamoscópico basta simplesmente medir diretamente o diâmetro da seção transversal.

Naturalmente, como se trata de algo convencional, se torna muito cômodo usar, para esse fim, calibres especiais. Esses calibres constam de um disco de aço temperado que apresenta nas bordas uma série de ranhuras de lados paralelos, que terminam em orifícios de maior diâmetro. A abertura das ranhuras correspondem aos sucessivos diâmetros da escala NTB.

Os corpos dinamoscópicos são muito usados na engenharia mecânica, e eu chegaria ao extremo de afirmar que a Engenharia Mecânica jamais existiria sem os corpos dinamoscópicos.

A maioria dos corpos dinamoscópicos utilizados pela Engenharia são constituídos por molas de aço de enrolamento em espiral longitudinal e em espiral transversal, e uma infinidade de outros constituídos por metais maciços.

Os corpos dinamoscópicos de 2 a 9 NTB são muito usados em instalações mecânicas automobilísticas. São, em geral, sem encapamento isolante, ou então, em casos elétricos, com encapamento especial de plástico, designado pela sigla WP ou borracha vulcanizada.

Já os de números 14 a 38 NTB, encapados de formas diversas, são bem práticos para serem usados em montagem de equipamentos eletrônicos, em motores, máquinas e muitas outras aplicações.

Os exemplos de utilização dos corpos dinamoscópicos, resumidos no apanhado acima, apenas refletem algumas das aplicações típicas, importantes. Está longe, porém, de ser uma relação, sequer, das principais aplicações dos corpos dinamoscópicos.

Para os corpos dinamoscópicos que ficam sujeito a intensidades de forças elevadas, o corpo dinamoscópico deve ter um isolamento elástico apropriado. Usam-se então fios de aço, ferro etc.

A descoberta e fabricação de novos materiais rígidos é um assunto de muito interesse, que está relacionado à aplicação mais econômica dos corpos dinamoscópicos e com a diminuição do peso e tamanho dos equipamentos dinamoscópicos.

5. Corpos Dinamoscópicos em Geral

No decorrer do desenvolvimento do presente livro posso postular uma grande variedade de corpos dinamoscópicos, porém para sistematizar seu estudo tentarei classificá-los em três categorias, a saber:

a) corpos dinamoscópicos de precisão

b) corpos dinamoscópicos lineares comerciais

c) corpos dinamoscópicos dependentes de um parâmetro (já foi estudado em itens anteriores deste livro).

A seguir, estudarei sumariamente cada uma dessas categorias de corpos dinamoscópicos.

6. Corpos dinamoscópicos de precisão

Considerarei como tais os corpos dinamoscópicos cuja precisão é da ordem de 0,001% ou até mesmo melhor. São os corpos dinamoscópicos de metais constituídos em forma de molas em espiral longitudinal e de molas em espiral transversal, constituídos por ligas especiais, cujo coeficiente de temperatura é extremamente baixo. São exemplos dessa categoria de corpos dinamoscópicos os seguintes: convencional e semiconvencional, que poderão ser empregados na prática nos laboratórios de medidas; corpos dinamoscópicos usados em instrumentos de medida; caixas de corpos dinamoscópicos para medidas de precisão; corpos dinamoscópicos variáveis, como os reostatos. É possível produzir corpos dinamoscópicos de precisão numa gama de valores de 10^{-3} a 10^6 leandros.

7. Corpos Dinamoscópicos Lineares Comerciais

São corpos dinamoscópicos perfeitamente elásticos utilizados para fixar as condições convenientes de funcionamento de um sistema dinamoscópico. Servem, por exemplo, para limitar o valor da intensidade de força num ramo do sistema, proporcionar uma conveniente divisão de deformação entre os vários nós de um sistema etc. Devem obrigatoriamente ser do tipo perfeitamente elástico; porém, sua precisão e estabilidade dependem do tipo de sistema, podendo variar de 0,1% a 10% ou mesmo 25%. São muito práticos em sistemas mecânicos. Podem ser feitos dos mais diferentes elementos, desde formas plásticas até os metais em geral; como por exemplo, os de aço. Os de metais possuem maior precisão. Exemplos típicos dessa categoria de corpos dinamoscópicos são: corpos dinamoscópicos fixos de fio metálico. São constituídos por fio de aço ou equivalente enrolado em espiral longitudinal. Alguns modelos possuem contatos intermediários fixos ou ajustáveis, ordem de grandeza de 10^{-2} a 10^3 leandros.

www.ingramcontent.com/pod-product-compliance
Lightning Source LLC
Chambersburg PA
CBHW070435180526
45158CB00018B/1347